編織入門全圖解

一次學會的各種實用繩結小物

MARCHEN ART STUDIO

前言

在戶外場合也能使用的降落傘繩。
繽紛的色彩和花樣不僅能襯托服裝，
還能運用在手機掛繩或包包的提把等地方。
除了日常之外，也適合在節慶活動及露營時使用。

本書刊載的是利用容易取得、顏色眾多的
戶外繩索「OUTDOOR ROPE」、「OUTDOOR CORD」
所製作的手機掛繩及配件小物的作法。

由於繩索較粗更容易編結，因此製作起來相對簡單的東西也多，
何不從喜歡的作品開始製作，學習編結的技巧呢？

【商業用途OK】
本書介紹的作品，只要符合使用MARCHEN ART的「OUTDOOR ROPE」、「OUTDOOR CORD」
的條件，就能作為僅限個人之商業使用。販售時還請註明作品是來自《傘繩編織入門全圖解：一看
就會的各種實用繩結小物》一書、以及使用的材料。另外，對於本書之影印、掃描、數位化等擅自
複製行為，除了著作權法中的例外之外一律禁止。

Contents

04 ＜用傘繩編結的隨身掛繩＞

06 　　長掛繩A
07 　　長掛繩B
08-09 　長掛繩C，D
10-11 　長掛繩E〔短＋中〕
12 　　短掛繩A
14 　　長掛繩F，G
15 　　長掛繩H
17 　　長掛繩I
18 　　長掛繩J，K
19 　　短掛繩B

20 ＜用傘繩編結的配件小物＞

22 　　涼鞋裝飾
23 　　雨傘手把
24 　　背包裝飾
25 　　雪拉杯手把
26 　　漁網袋
27 　　胸背帶＆牽繩
28 　　瑜伽墊背帶
29 　　寶特瓶掛繩、手環A
30 　　鑰匙圈A，B，C，D
31 　　相機掛繩
32 　　手環B
33 　　飲料提帶

34 　　本書所使用的材料與道具
35 　　共通的技巧
36-38 　LESSON作品 製作長掛繩B
39-48 　基本的編結法
49-71 　作品的作法

用傘繩編結的隨身掛繩

手機就不用說了，還能加以運用在包包、隨身側背袋等多種用品。有了掛繩，外出時就能輕鬆解放雙手，因此相當受歡迎。除了可調節長度的款式之外，也可以依照自己尺寸來製作無法調節的款式，成為簡單大方的穿搭亮點。

Left：
長掛繩K（參照p.18）

Right：
長掛繩B（參照p.07）
長掛繩C（參照p.09）

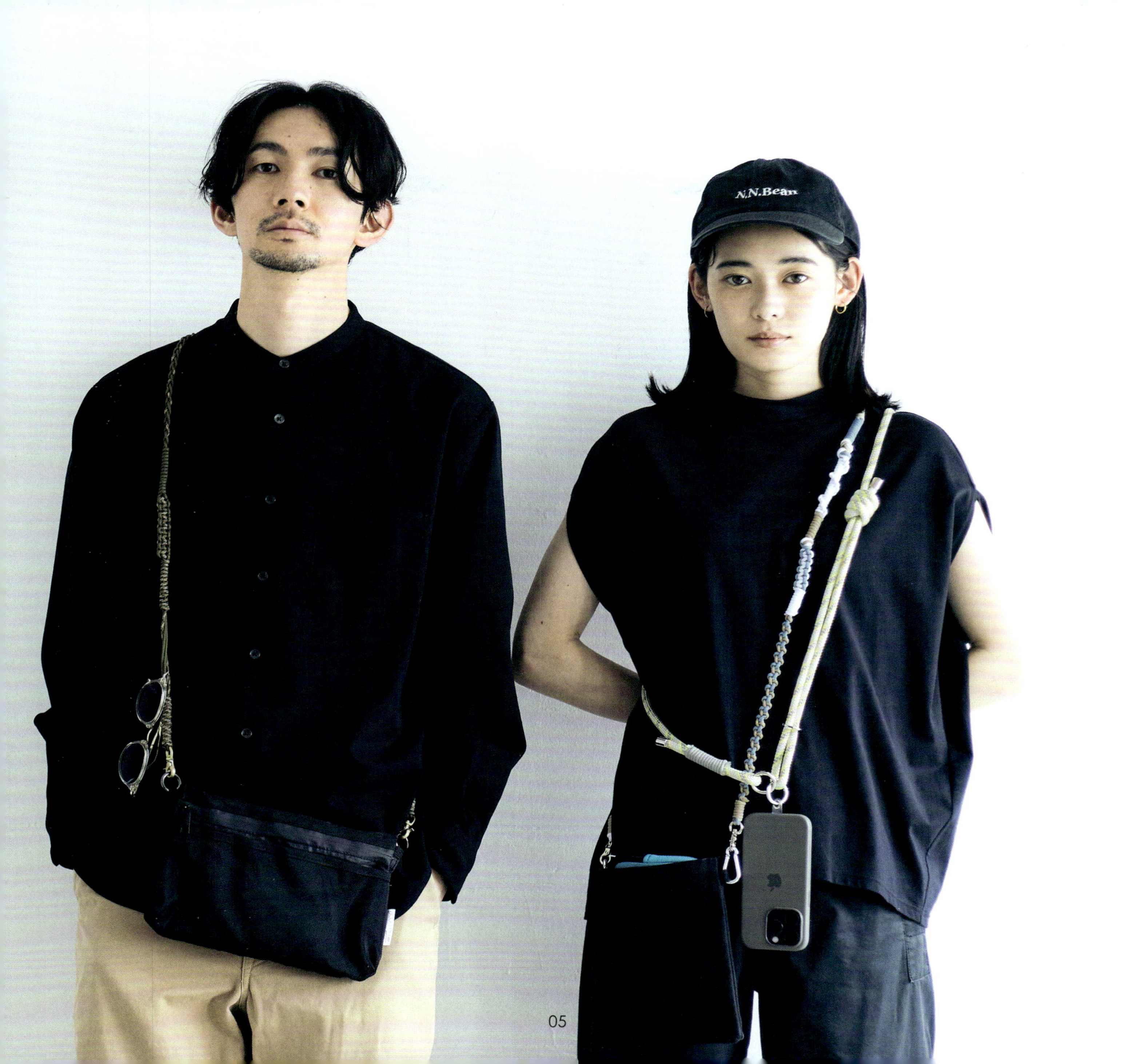
N.N.Bean

長掛繩A

承重的肩膀部分加寬。繽紛的複合迷彩繩索在戶外的緊急狀況也能派上用場。內蕊是包含釣魚線及點火用線材的高性能產品。

〔編結種類〕單結／八字結

作法 **p.49**

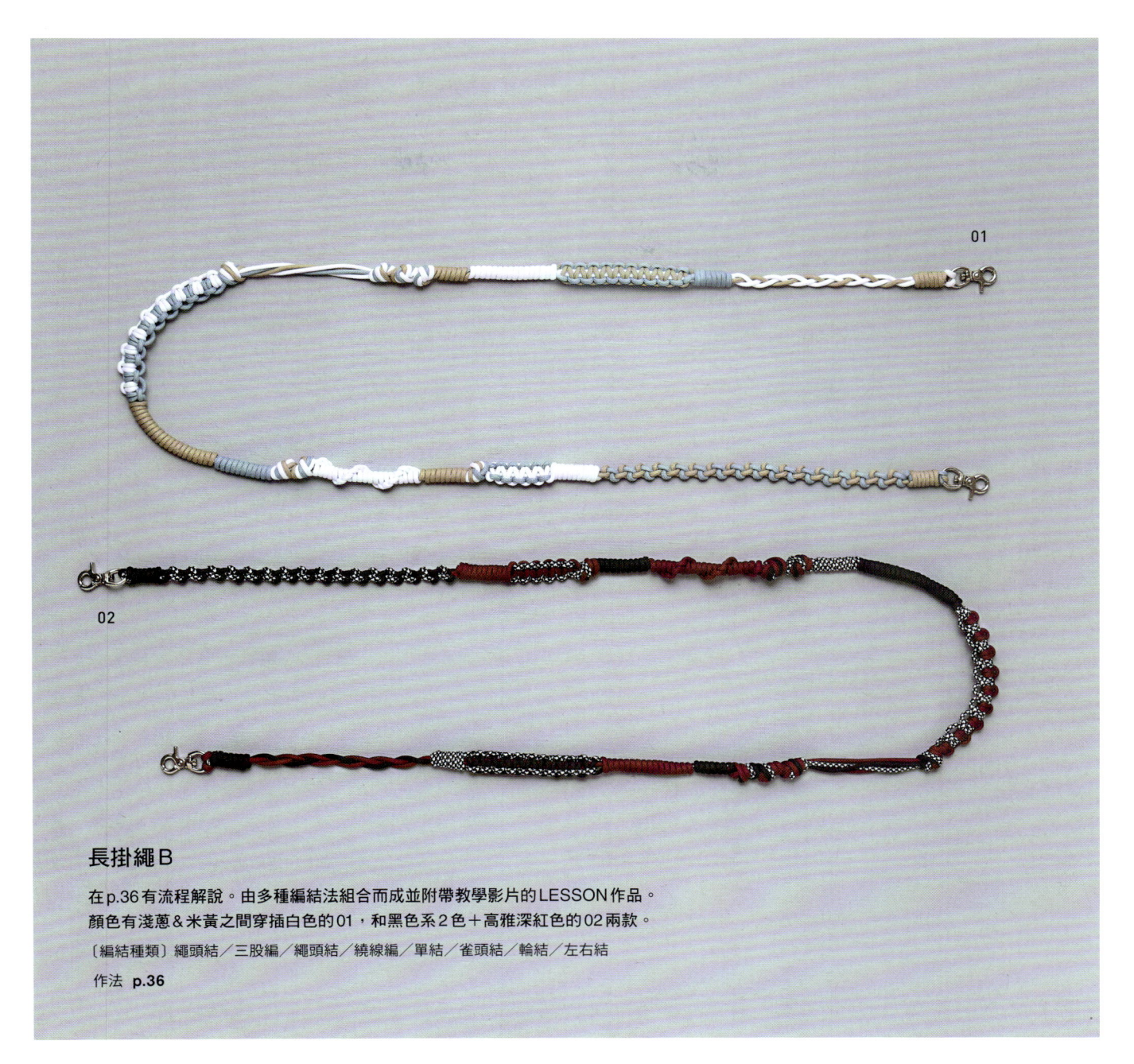

01

02

LONG STRAP

長掛繩B

在p.36有流程解說。由多種編結法組合而成並附帶教學影片的LESSON作品。
顏色有淺蔥＆米黃之間穿插白色的01，和黑色系2色＋高雅深紅色的02兩款。

〔編結種類〕繩頭結／三股編／繩頭結／繞線編／單結／雀頭結／輪結／左右結

作法 **p.36**

C-01

長掛繩C

使用了戶外用繩索的堅固掛繩。可藉由桶結來調整長度。

作法 **p.50**

C-02

D-01

C-03

D-02

長掛繩C，D

C是p.08的異色款。02使用的是8mm、03使用的是6mm的繩索。
D的特色是左右結的凹凸花樣。

〔編結種類〕C：桶結／繩頭結 D：左右結／平結

作法　C：**p.50** D：**p.51**

| LONG STRAP |

長掛繩E
〔短＋中〕

短、中兩種長度的掛繩。可以單獨使用，也可以多條串連起來一起使用。

〔編結種類〕桶結／繩頭結／平結／輪結

作法 **p.52**

短款能當成製作方法簡易的日式三角袋提把，或是手機短掛繩。

中款也可以連接環保袋等。

把短款和中款2條連接起來變成長掛繩。

LONG STRAP

短掛繩 A

可透過掛繩的穿法及鉤環的安裝變化出3種的使用方法。
由繩頭結部分組合而成的短掛繩。

〔編結種類〕繩頭結

作法 **p.54**

SHORT STRAP

14

Left :
長掛繩 F
以打桶結的方式讓長度能夠調整的掛繩。

〔編結種類〕鎖鍊結／桶結

作法 **p.54**

Right :
長掛繩 G
只編平結的簡單掛繩。

〔編結種類〕平結

作法 **p.55**

01

02

03

長掛繩 H
由喜愛的顏色搭配編成的掛繩。
也很建議用喜愛的明星、角色的代表色來做變化。此為附帶影片的LESSON作品。

〔編結種類〕繩頭結／四股編／單結／包芯蛇結／左右結

作法 **p.56**

LONG STRAP

15

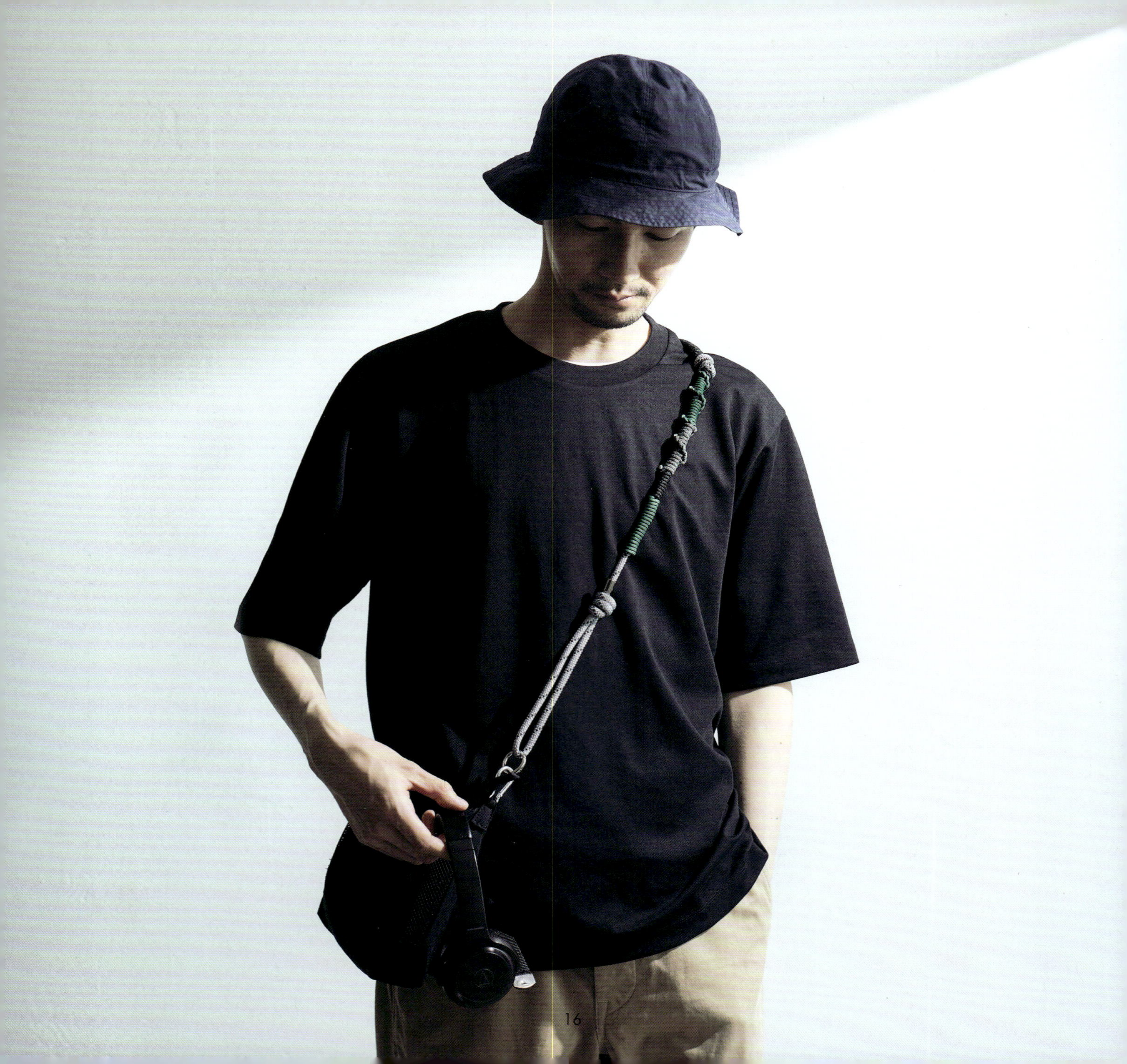

長掛繩 I

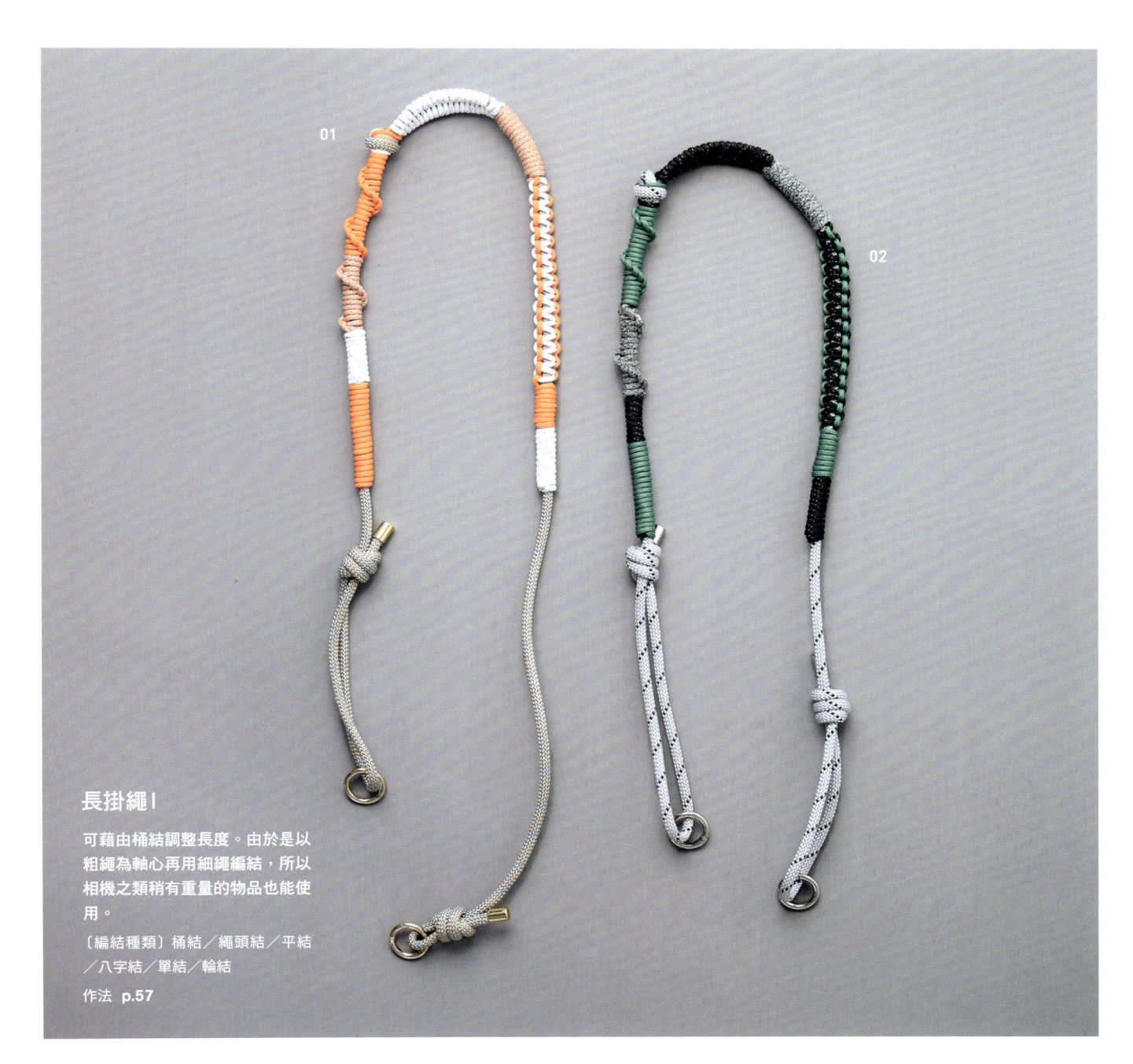

可藉由桶結調整長度。由於是以粗繩為軸心再用細繩編結，所以相機之類稍有重量的物品也能使用。

〔編結種類〕桶結／繩頭結／平結／八字結／單結／輪結

作法 **p.57**

LONG STRAP

長掛繩J,K

J是百搭的簡單設計。K是軍事色配色及黑色系配色的2款。

〔編結種類〕J：繩頭結　K：繩頭結／三股編／繞線編／螺旋結／固定結／魚骨編／平結

作法　J：p.55　K：p.58

短掛繩 B

選用同色系的2色+迷彩等花樣的繩索製作成繽紛的款式。可以當作手腕掛繩或錢包腕帶使用。

〔編結種類〕繩頭結／單結／左上平結／右上平結／繞線編

作法 **p.59**

01

02

03

SHORT STRAP

用傘繩編結的配件小物

常見於戶外用品的傘繩，也能利用喜愛的顏色花樣來編出配件小物。接下來除了介紹可以隨意地編在涼鞋、雪拉杯、包包或雨傘手把上作為裝飾之外，還有用剩餘的繩索就能製作的鑰匙圈等物品，以及用途多多的漁網袋。

Left：
雪拉杯手把（參照p.25）
鑰匙圈A（參照p.30）

Right：

漁網袋（參照p.26）

相機掛繩（參照p.31）

寶特瓶掛繩（參照p.29）

涼鞋裝飾（參照p.22）

涼鞋裝飾

利用迷彩色的繩索編出具個人特色的涼鞋繫帶。
也可以配合涼鞋的形狀編在後跟帶上。

〔編結種類〕平結

作法 **p.60**

雨傘手把

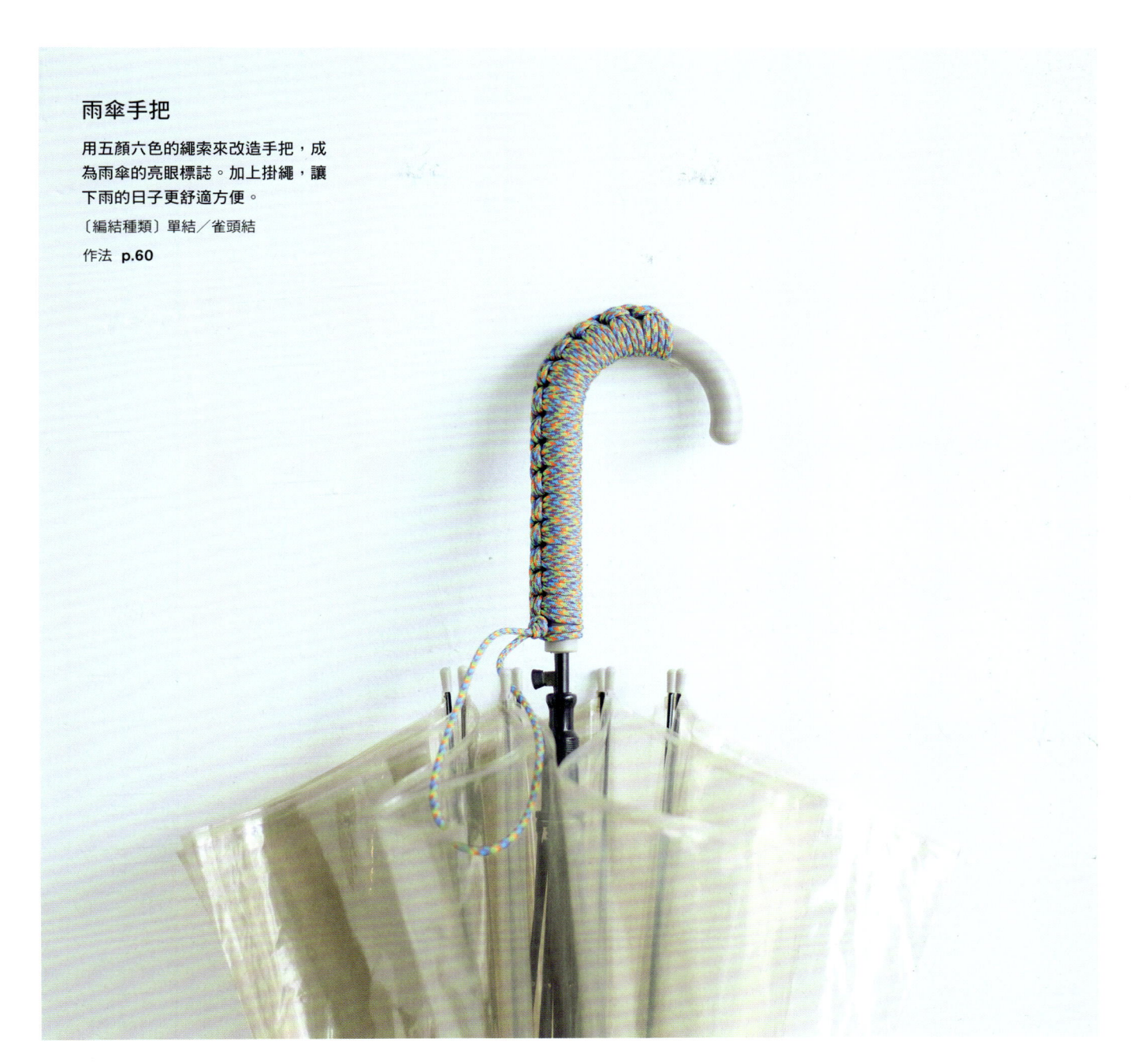

用五顏六色的繩索來改造手把，成為雨傘的亮眼標誌。加上掛繩，讓下雨的日子更舒適方便。

〔編結種類〕單結／雀頭結

作法 **p.60**

UMBRELLA

| BACKPACK |

背包裝飾

把適用於扁平帶子的平結編在手邊的背包上。拉鍊拉片則用蛇結裝飾。

〔編結種類〕平結／蛇結

作法 **p.61**

雪拉杯手把

利用在營地裡也亮眼的黃迷彩與紫色的繩索包覆杯子的手把。不只具有防滑效果,也更好抓握。

〔編結種類〕魚骨編／單結

作法 **p.61**

01

02

SIERRA CUP

| NET BAG |

漁網袋

上街可以用，在家也可以裝蔬菜，還能當作植物吊籃使用的漁網狀提袋。

〔編結種類〕平結／蛇結

作法 **p.62**

DOG HARNESS & LEASH

胸背帶&牽繩

胸背帶是為愛犬量身打造的恰好尺寸。
使用具有強度的O型環及單頭鉤等堅固配件製作而成。

〔編結種類〕胸背帶：平結　牽繩：四股編／繩頭結

作法　胸背帶：**p.64**　牽繩：**p.66**

27

YOGA MAT

瑜伽墊背帶

可調整尺寸，所以除了瑜伽墊之外還能當作毛毯的收納繩來使用。

〔編結種類〕平結／桶結

作法 **p.67**

寶特瓶掛繩

附有鉤環，能夠扣在包包或皮帶環上吊掛使用。露營或音樂季等活動時也很便利。

〔編結種類〕鎖結

作法 **p.67**

手環 A

只要滑動桶結就能調整長度。以無金屬設計展現手部時尚。

〔編結種類〕桶結

作法 **p.68**

BOTTLE HOLDER & BRACELET

鑰匙圈 A，B，C，D

A 是可當作手機掛繩的短掛繩。B 是經典的猴拳結。C、D 是兩端都能連接的款式。

〔編結種類〕A：繩頭結／左右結　B：猴拳結／繩頭結　C：包芯蛇結　D：平結

作法　A：**p.68**　B,C,D：**p.69**

KEYCHAIN

相機掛繩

可以用擋繩扣收緊,所以能防止重要的相機掉落。

〔編結種類〕平結

作法 **p.70**

CAMERA STRAP

手環 B

由霜降花紋的繩索和航海主題配件組合而成的手環。存在威十足，所以搭配簡單的服裝穿搭也很出色。

〔編結種類〕單結／包芯蛇結

作法 **p.70**

01

02

03

04

BRACELET

飲料提帶

提把部分可藉由插扣來開關。也能掛在包包等物品上。帶著保溫杯或水壺出門時尤其便利。

〔編結種類〕鎖結／繩頭結／單結
作法 p.71

DRINK HOLDER

Materials, Tools

本書所使用的材料與道具

※商品皆為 MARCHEN ART

A 繩子（傘繩）_左起戶外繩索「OUTDOOR ROPE」（8mm、6mm）、「OUTDOOR CORD」（3mm）。請注意，使用粗細不同的繩子時，用量也會隨之改變。 B,C 鉤環_五金的一部分帶有開合裝置的配件。安裝在掛繩的末端，可連接手機或包包等。 D 龍蝦扣、小鉤扣_和鉤環用途相同的連接配件。預裝型。 E 繩尾扣_安裝在「OUTDOOR ROPE」末端的金屬製夾扣。 F 鑰匙圈環_用繩子編結之後能當作鑰匙圈的配件。 G 金屬logo圈_刻有字樣的配件。在本書中是當作擋繩扣來使用。 H 手機掛繩夾片_夾在手機和保護殼之間、用來連接五金配件的薄片。

I 板夾_編繩時用來固定。 J 黏著劑和竹籤_安裝繩尾扣時使用。 K 鉗子_拉動繩端時有的話會很方便。 L 醫用夾鉗_繩端收尾時很方便。用法和鉗子一樣。 M 布尺_用來測量繩子的長度。 N 打火機_燒黏時使用。出火口長一點的款式比較好用。 O 精密十字起子_安裝螺絲型繩尾扣時會用到。 P 剪刀_用來剪斷繩子。

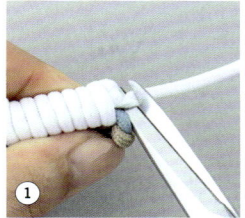

Techniques

共通的技巧

固定後編結

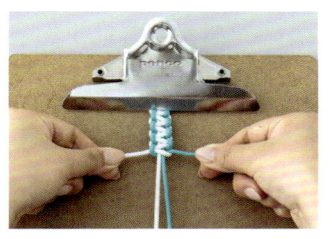

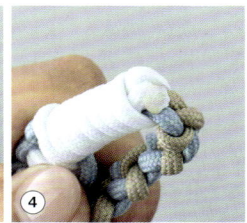

繩子在編織的過程中要隨時繃緊。繃緊的時候要用板夾牢牢地固定好。

燒黏

①從結目之根部算起保留2～3mm左右，把繩子剪斷。②小心別燒到結目，讓火焰靠近繩端加以燒熔。③用打火機的前端壓住繩端。④把熔化的繩端黏在周圍。

安裝配件

預裝型：小鉤扣、龍蝦扣等要先穿過繩子來安裝。由於無法事後安裝，所以要特別留意。

後裝型：五金的一部分是可開合的鉤環等，即使在完成後也能安裝。

繩子的連接方法

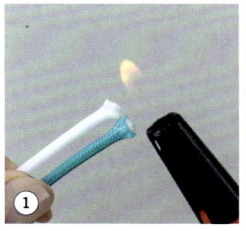

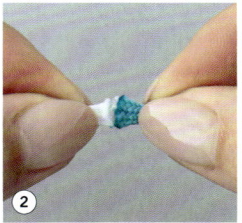

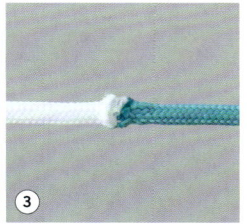

①把連接用的2條繩子的末端用打火機烤一下，使其熔化。②趁熱把兩端對接黏合。③放在金屬座台等不易沾黏的地方，把連接的部分用打火機的前端壓住固定。　※會承受強力拉扯的狗牽繩等不可使用此連接方法。

繩尾扣的安裝方法

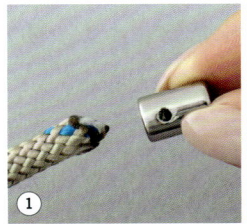

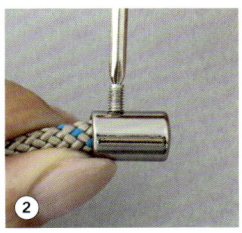

螺絲型：①把燒熔過的繩端用繩尾扣套住。②用精密十字起子鎖上螺絲。

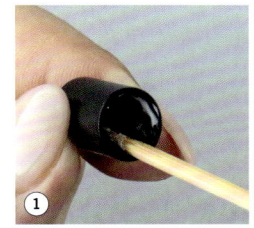

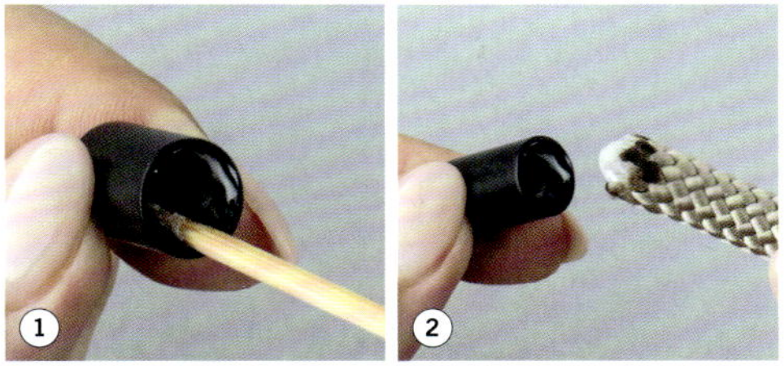

黏著型：①用竹籤在繩尾扣的內側塗抹黏著劑。②把燒熔過的繩端用繩尾扣套住。

讓編結更美觀的訣竅

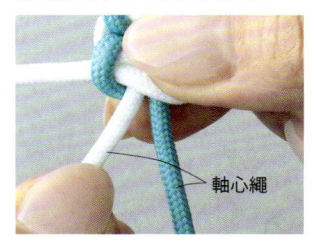

軸心繩

結目的部分，為了防止鬆散，必須一面編結一面拉緊。拉緊到一定的程度之後，再把軸心繩也確實拉緊。

How to Make

LESSON 作品
製作長掛繩 B photo_ p.07

在此詳細解說平均地採用各種基本編結手法的LESSON作品。
附有教學影片,請搭配本書觀看。

【材料】

01
OUTDOOR CORD
a 白(1639)…500cm×1條
b 米黃(1659)…380cm×1條
c 淺蔥(1647)…360cm×1條
小鉤扣 銀(S1870)…2個

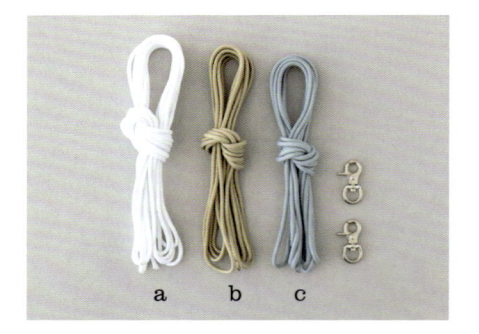

02
OUTDOOR CORD
a 黑(1646)…500cm×1條
b 深紅(1657)…380cm×1條
c 鑽石迷彩(1643)…360cm×1條
小鉤扣 銀(S1870)…2個

LESSON影片
作品的解說影片
請掃描右側的
QR Code來觀看。

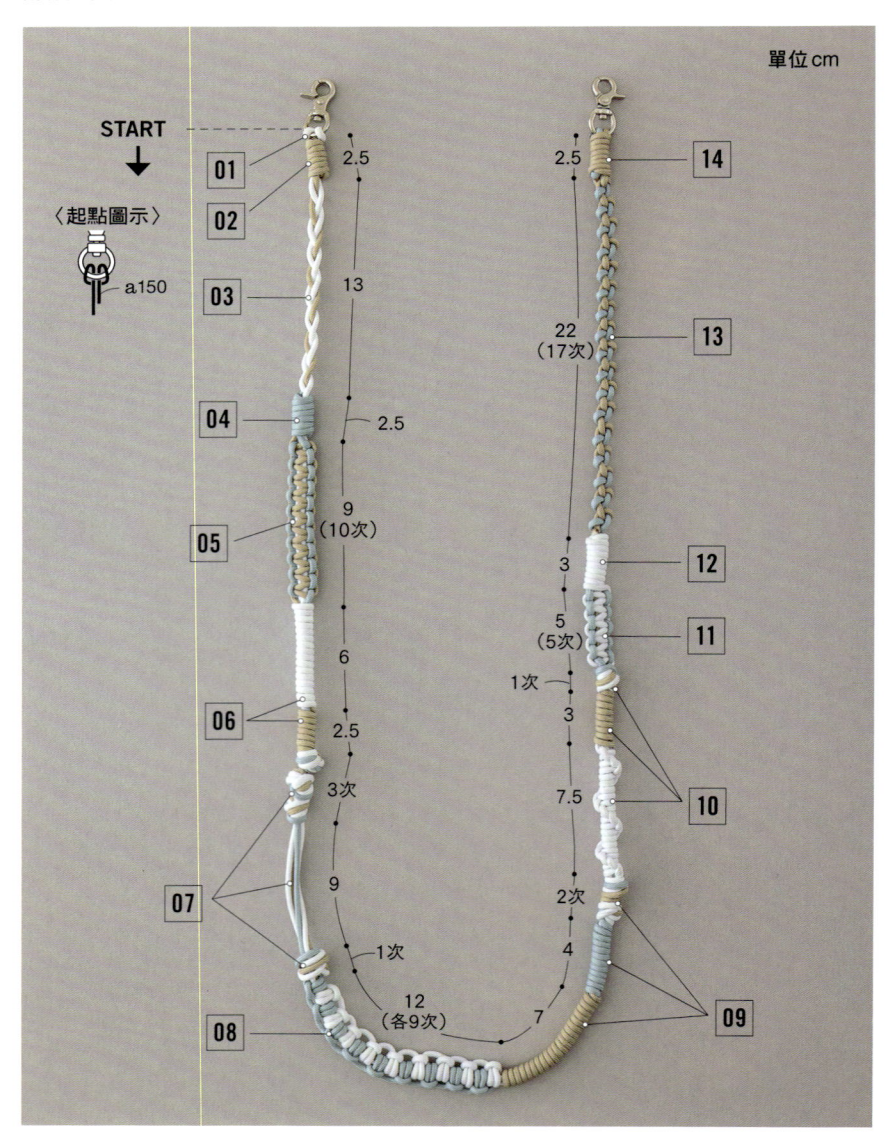

單位cm

START
〈起點圖示〉
a150

01
02
03 13
04 2.5
05 9(10次)
06 2.5
07 3次
    9
    1次
08 12(各9次)
    7
09 4
    2次
10 7.5
    3
11 5(5次)
12 3
13 22(17次)
14 2.5

36

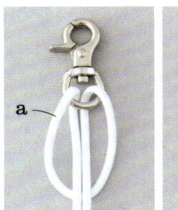

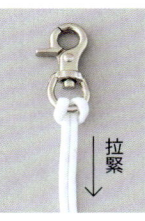

01 先把a在距離末端150cm處折好,再以無繩結的安裝方法(p.48)繫在小鉤扣上。	02 把b沿著a擺好,在4.5cm處反折,打出2.5cm的繩頭結Ⓐ(p.47)。	留下1cm的繩端,纏繞2.5cm。	把纏繞好的繩端穿過b的反折處的環圈。
拉動b的繩端,把環圈收緊。不好收緊的情況可利用鉗子等輔助。	環圈收緊之後的樣子。把a一條條地拉緊,調整結目。	03 從這裡開始,適當地用板夾固定。用2條a和b做13cm的三股編(p.42)。	04 以2條a和b當作3條軸心,把c一同擺好,以和02相同方式打出繩頭結Ⓐ。
以和02相同方式收緊。	05 以2條a當作軸心,再用b、c編平結(p.39)。	編10次(9cm)。	06 以短a、b、c當作3條軸心,再用長a去做6cm的繞線編(p.41)。
以a2條、c當作3條軸心,用b做出2.5cm的繞線編。	07 用4條打單結(p.46)。	單結要打在繞線編的根部,並且一條條地拉緊。	接著再打2次單結。

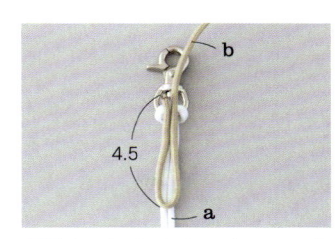

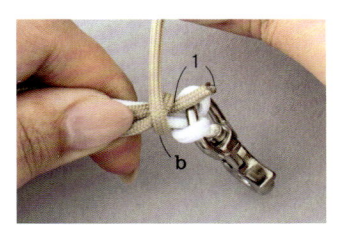

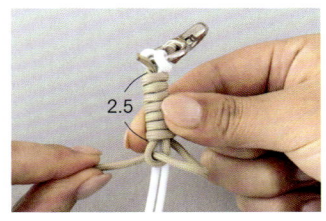

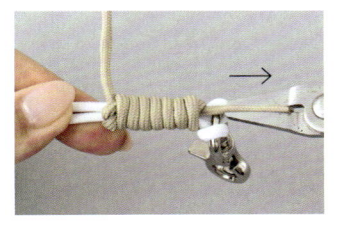

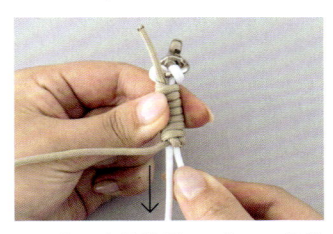

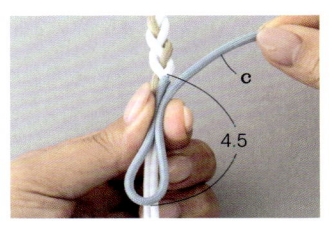

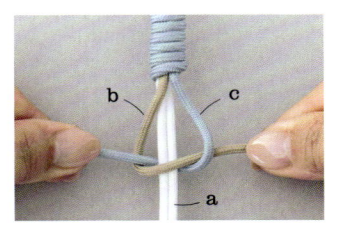

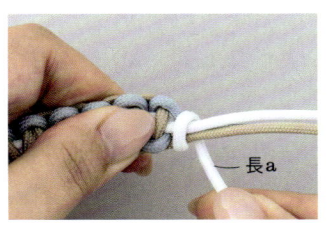

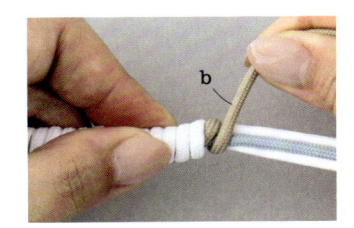

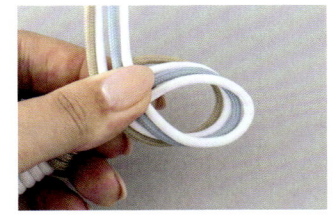

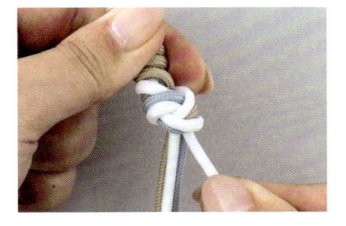

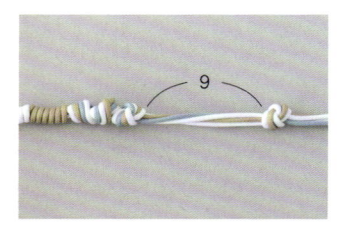

間隔9cm，再打1次單結。

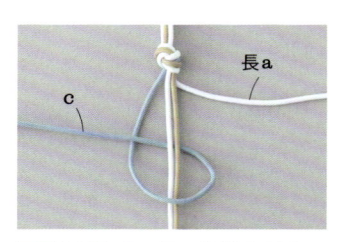

08 以短a和b的2條當作軸心，用c編左雀頭結（p.41）。

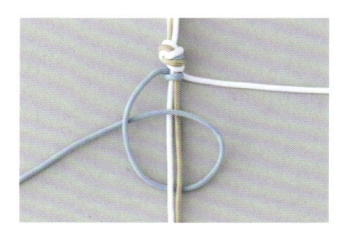

用c編好1次的樣子。

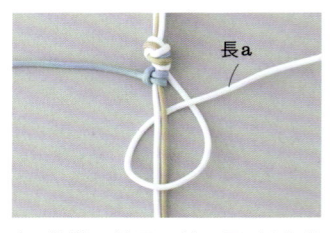

在c的結目的另一側用長a編右雀頭結。把c先移開。

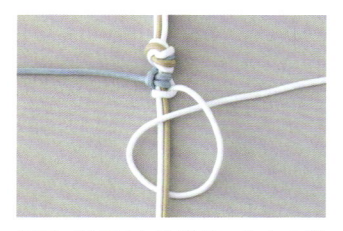

用長a編好1次的樣子。左右交替著各編9次（12cm）。

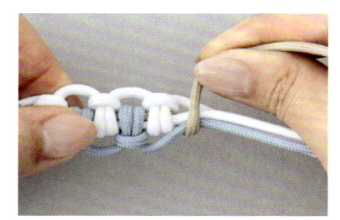

09 參照p.36，用b做7cm的繞線編，用c做4cm的繞線編，然後用4條打2次單結。

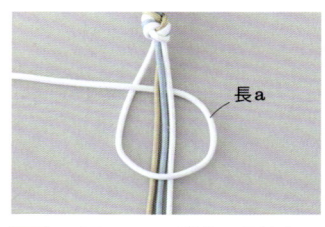

10 以短a、b、c當作3條軸心，用長a長編輪結（p.40）。

編7.5cm輪結。

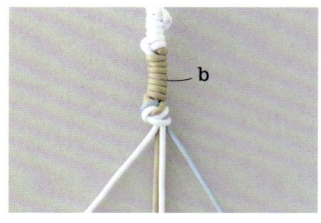

以2條a、c當作3條軸心，用b做3cm的繞線編，用4條打單結。

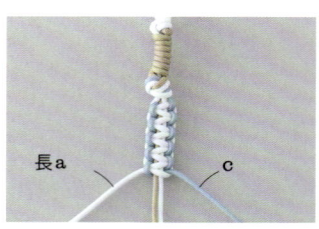

11 以b、短a當作2條軸心，用長a、c編5次（5cm）平結。

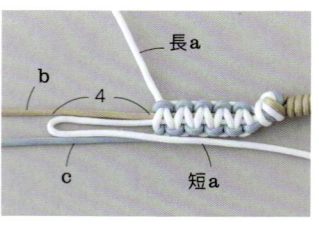

12 將短a反折4cm當作軸心，用長a打出3cm的繩頭結Ⓑ（p.47）。

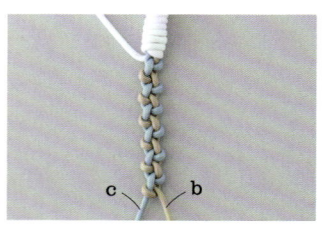

13 用b、c編17次（22cm）左右結（p.41）。

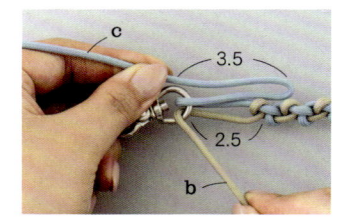

14 將b、c穿過小鉤扣，在距離2.5cm處反折，接著將c反折3.5cm，用b打出2.5cm的繩頭結Ⓒ（p.48）。

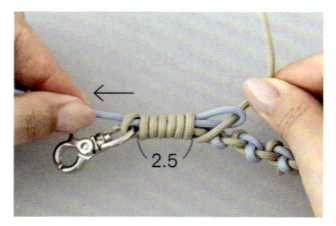

將b的繩端穿過c的環圈，拉緊。

拉緊之後的樣子。

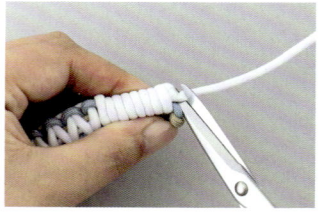

15 把所有的繩端剪短，以燒黏（p.35）的方式收尾。完成。

Rope Knots

基本的編結法

平結

〈左上平結〉

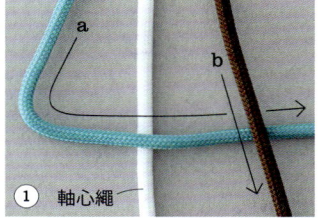

① 把a壓在軸心繩上,再將b壓在a上。

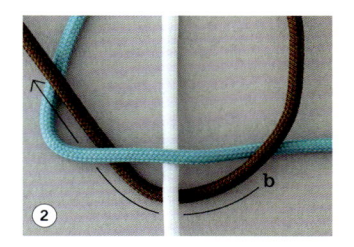

② 把b從軸心繩的下方穿到a的上方。

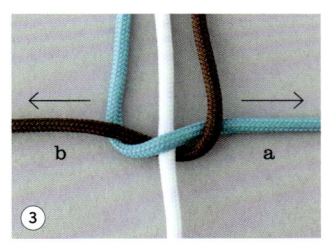

③ 把a、b往左右拉緊。這個狀態是0.5次。

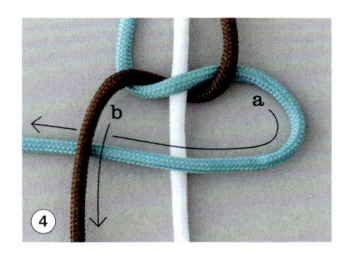

④ 把a壓在軸心繩上,再將b壓在a上。

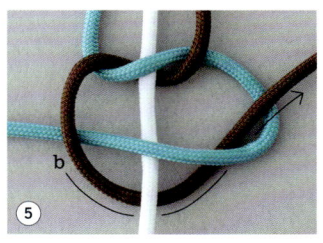

⑤ 把b從軸心繩的下方穿到a的上方。

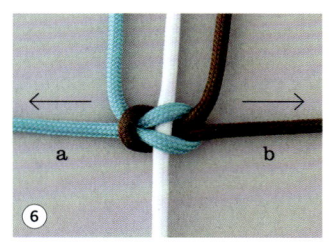

⑥ 把a、b往左右拉緊。完成1次。重複①〜⑥。

〈右上平結〉

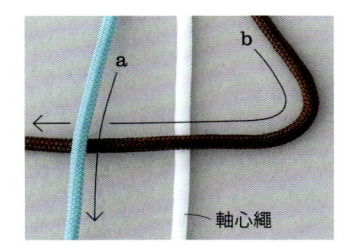

把壓在軸心繩上的繩子的順序顛倒,先壓上右側的b。重複〈左上平結〉的④〜⑥、①〜③。

添加繩子的方法（1條編繩的情況）

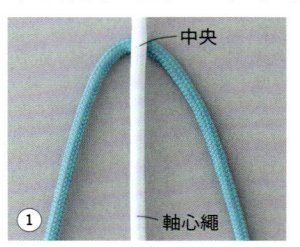

① 把編繩對折,將軸心繩擺在中央。

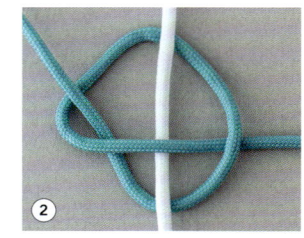

② 參照上述的〈左上平結〉的①〜⑥來編結。

螺旋結

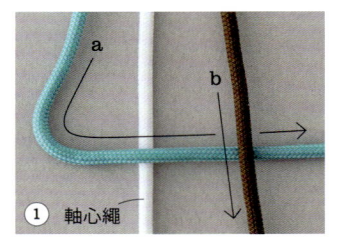

① 把a壓在軸心繩上,再將b壓在a上(①~③和p.39的左上平結一樣)。

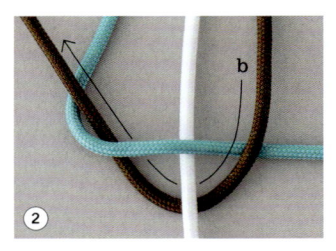

② 把b從軸心繩的下方穿到a的上方。

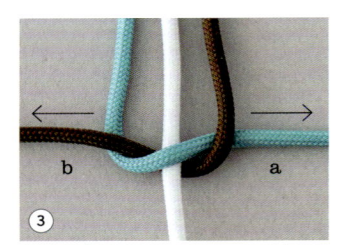

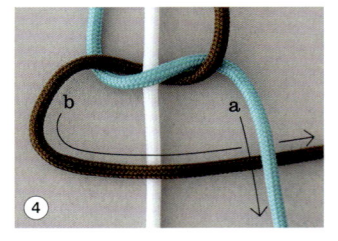

③ 把a、b往左右拉緊。

④ 把b壓在軸心繩上,再將a壓在b上。

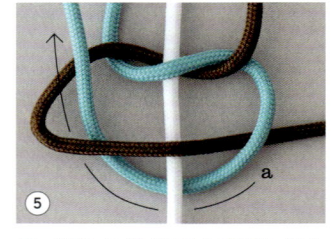

⑤ 把a從軸心繩的下方穿到b的上方。

⑥ 把a、b往左右拉緊。

⑦ 每次都把左側的繩子壓在軸心繩上來編結。結目會自然地扭轉成螺旋狀。

輪結〈左輪結〉

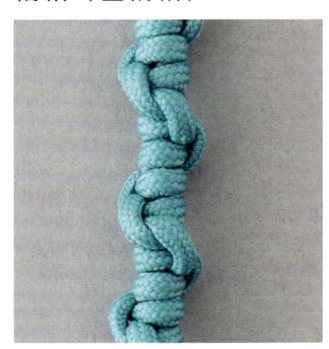

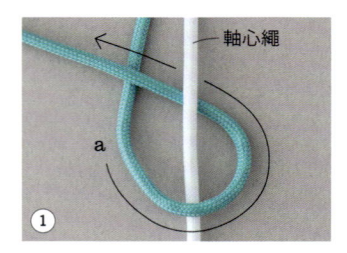

① 把a壓在軸繩上,從軸心繩的下方穿到a的上方,把繩子拉緊。

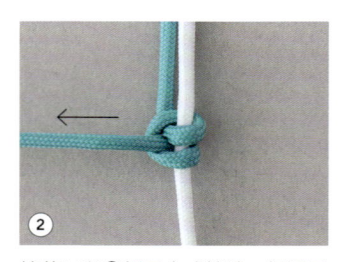

② 接著以和①相同方式捲繞,把繩子拉緊。

③ 一直編下去,結目會自然地扭轉成螺旋狀。
〈右輪結〉是朝著對稱的方向編結。

40

雀頭結〈右雀頭結〉

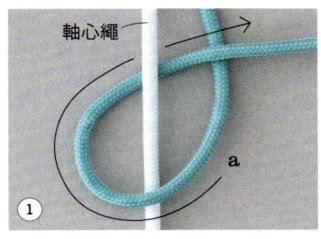

① 把a從軸心繩的上方繞一圈,將繩端拉緊。

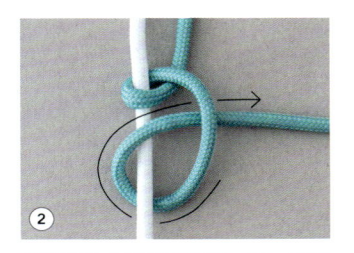

② 接著從軸心繩的下方繞一圈,將繩端拉緊。

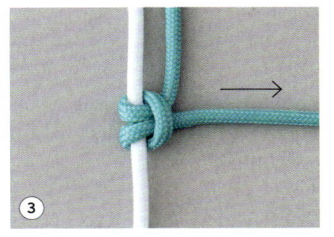

③ 完成1次。重複①、②。
〈左雀頭結〉是朝著對稱的方向編結。

左右結

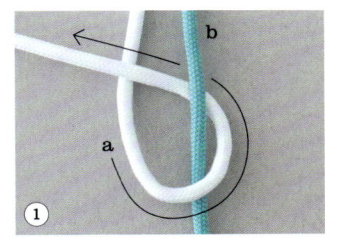

① 以右側的b為軸心,把左側的a從b的上方繞一圈,將a的繩端拉緊。

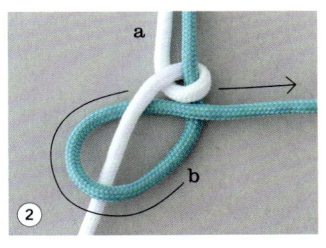

② 接著以左側的a為軸心,把右側的b從上方繞一圈,將b的繩端拉緊。

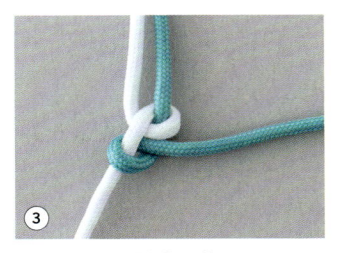

③ 完成1次。重複①、②。

繞線編

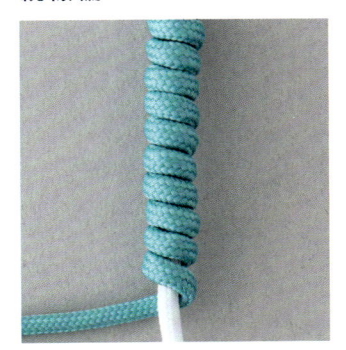

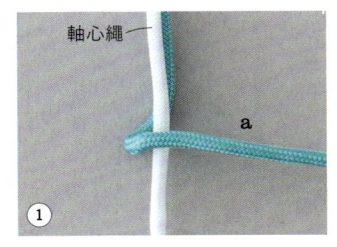

① 把a繞在軸心繩上。

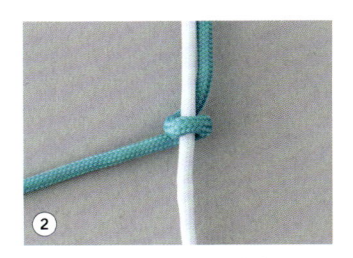

② 繞過軸心繩時不能留下縫隙。

③ 繞至指定的長度為止。由於單獨做繞線編的話會散掉,所以接下來得繼續編其他的結。

三股編

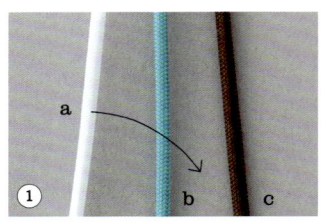

① 把左側的a放到b和c之間。

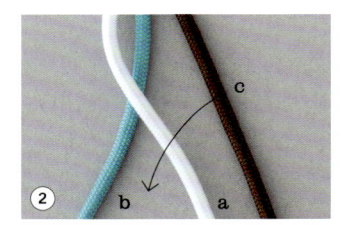

② 把右側的c放到b和a之間。

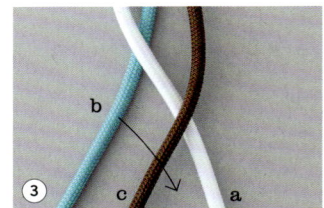

③ 把左側的b放到c和a之間。接著以相同方式,交替把左右繩放到兩繩之間,一面編一面收緊繩子。

四股編

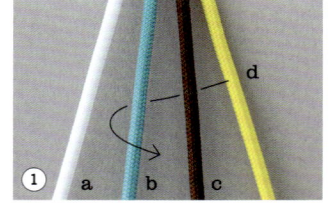

① 把右側的d穿過中央2條的下方,放到b和c之間。

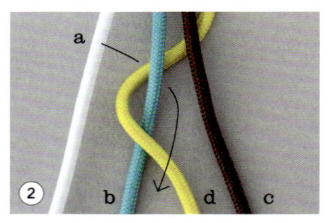

② 把左側的a穿過中央2條的下方,放到b和d之間。

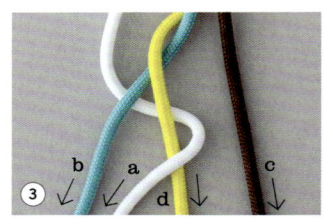

③ a在兩繩間的樣子。把左右2條分別收緊。

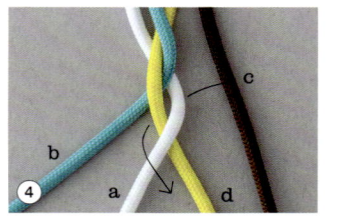

④ 把右側的c穿過中央2條的下方,放到a和d之間。

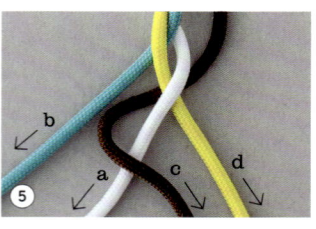

⑤ c在兩繩之間的樣子。把左右2條分別收緊。

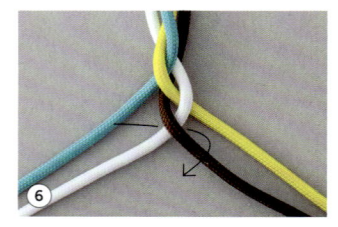

⑥ 接著以相同方式,交替把繩端穿過中央2條的下方放到兩繩之間,一面編織一面將左右2條分別收緊。

條紋花樣

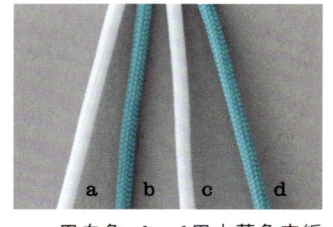

a、c用白色,b、d用水藍色來編織的情況。

鑲邊花樣

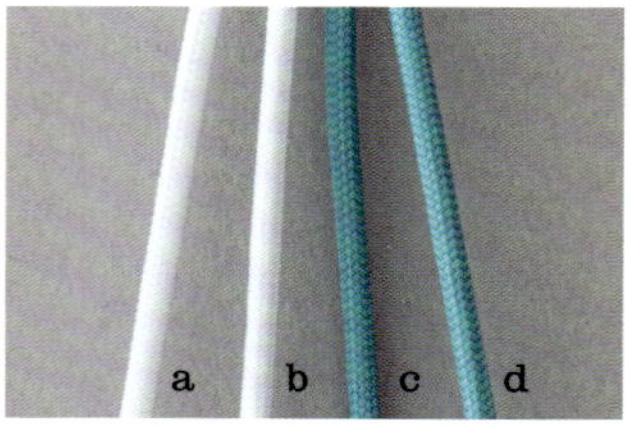

a、b用白色,c、d用水藍色來編織的情況。

42

蛇結

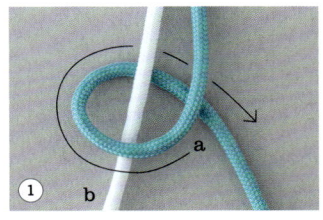

① 把a從b的上方繞到下方。

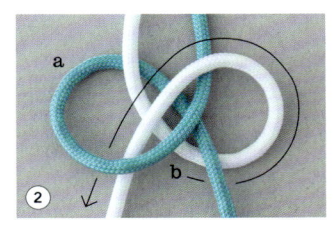

② 把b從a的下方拉到上方,穿過a的環圈。

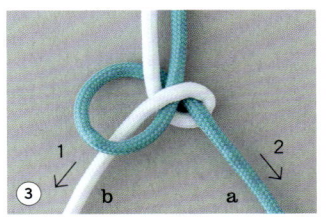

③ 在想要編結的位置把b先收緊,然後再把a收緊。

④ 完成1次。重複①～③。

包芯蛇結

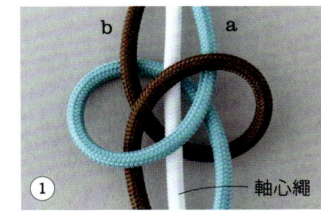

① 在軸心繩的左右把a、b的繩子擺好。以和蛇結相同方式編結。

軸心繩

②

鎖結

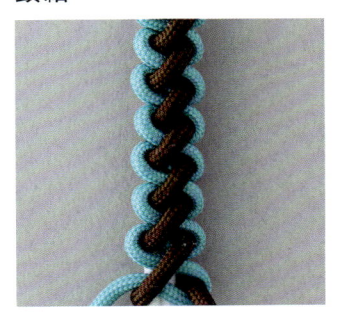

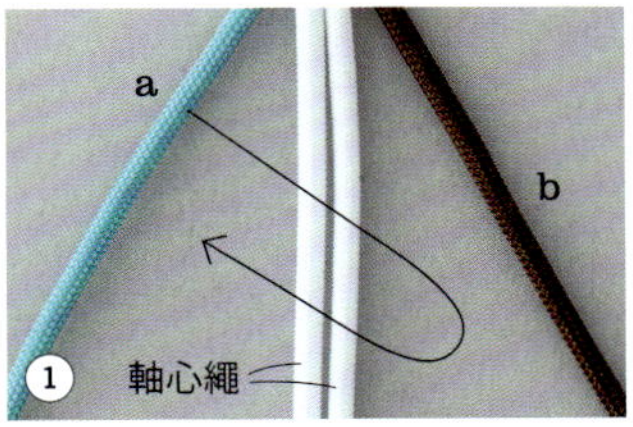

① 在軸心繩的上方把a折彎,做出環圈。

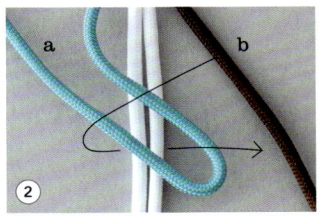

軸心繩

② 把b斜斜地疊在a上,經過軸心繩的下方,穿入a的環圈。

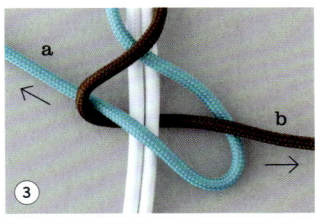

③ 把繩端分別拉緊。a是斜斜向上,b是往正旁邊拉。

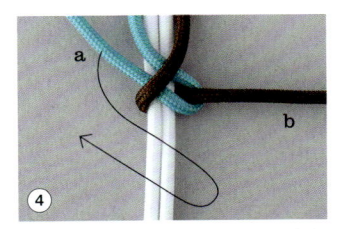

④ 以和①相同方式在軸心繩的上方把a折彎,做出環圈。這個時候,要盡量和上次的a保持平行。

⑤ 以相同方式把b斜斜地疊在a上穿過去。這個時候,要盡量和上次的b保持平行。

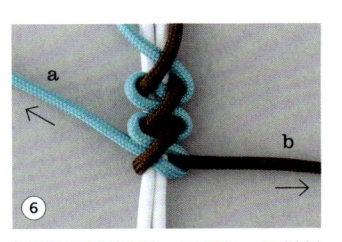

⑥ 把繩端分別拉緊。同樣以a是斜斜向上,b是往正旁邊的方式拉。重複編結的動作。

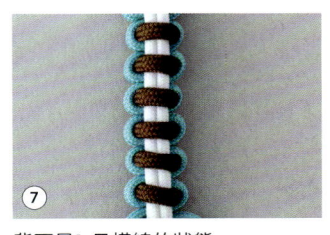

⑦ 背面是b呈橫線的狀態。

43

鎖鍊結

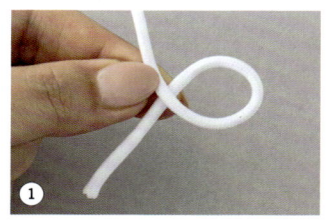

① 做出環圈。

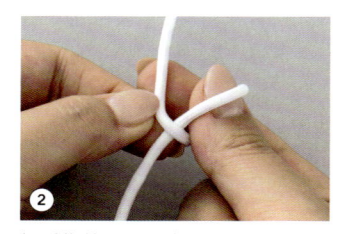

② 把手指放入圈圈中,抓住繩子拉出來。

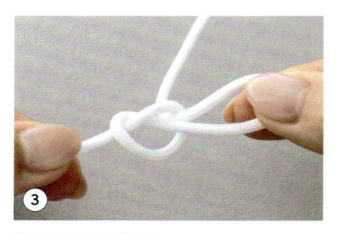

③ 拉出繩子的樣子。

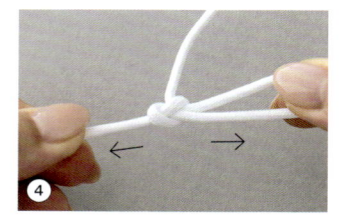

④ 往兩邊拉①的繩端,把結目收緊。

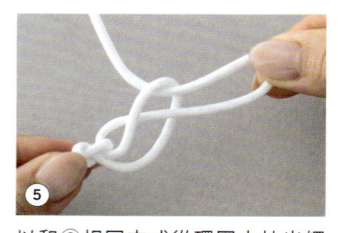

⑤ 以和②相同方式從環圈中拉出繩子,把結目收緊。

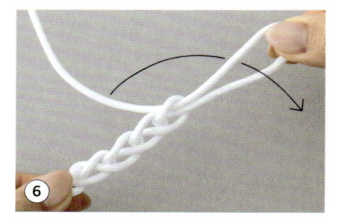

⑥ 重複地編出結目。結束時,把繩端穿過環圈拉緊。

八字結

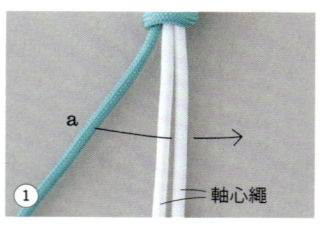

① 從左側軸心繩的上方把a穿過中間。

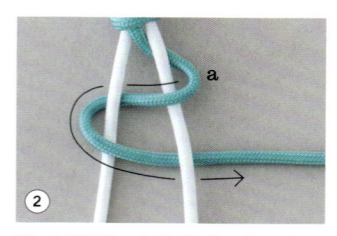

② 用a以描繪8字的方式,依照上、下、上、下的順序穿過左右的軸心繩。

③ 一面收緊縫隙一面重複編結。

魚骨編

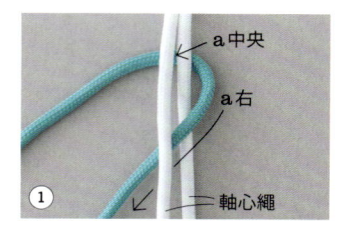

① 把a的中央重疊在軸心繩的下方,將右側從右邊軸心繩的上方穿過中間。

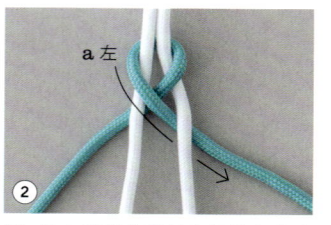

② 把a的左側從左邊軸心繩的上方穿過中間。

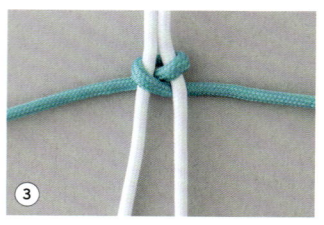

③ 一面收緊縫隙一面重複①、②。

44

猴拳結

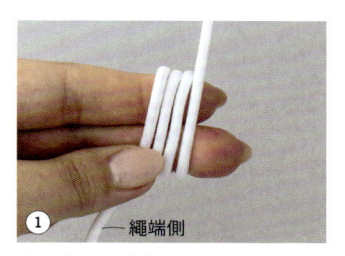

① 留出指定長度的繩端之後用拇指壓住，在食指和中指上繞4圈。

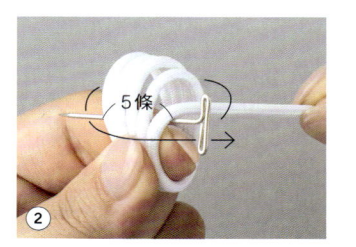

② 抽出手指、用拇指壓住，把5條用T型針固定好。以繩環朝向正面的方式改變方向，朝著下側繞圈。

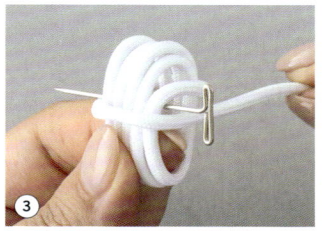

③ 避免壓扁繩環，繞4圈。

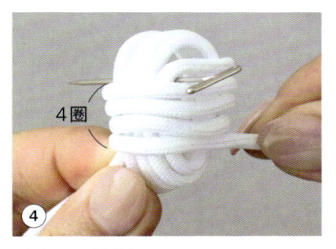

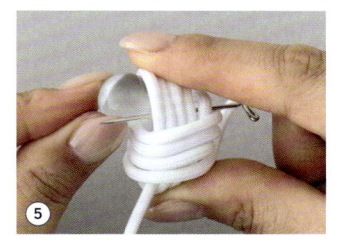

④ 繞完4圈的樣子。

⑤ 從縫隙塞入作為內芯的彈珠。

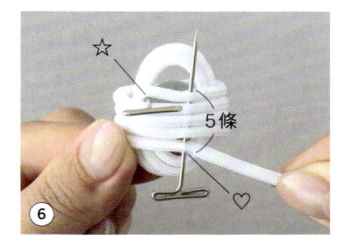

⑥ 把在④繞出的部分用T型針固定好。

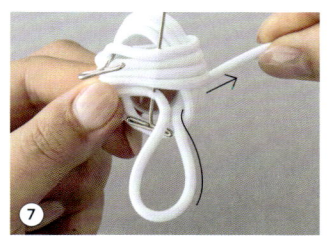

⑦ 把繩端穿過下側的繩環。

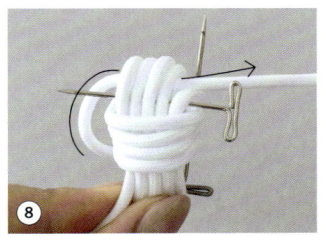

⑧ 轉回②的方向，由左向右穿過上方的繩環。然後再由右向左穿過下側的繩環。

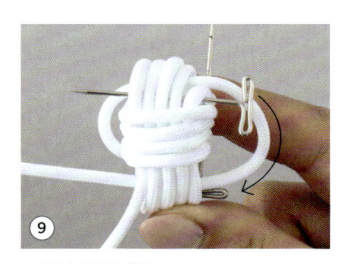

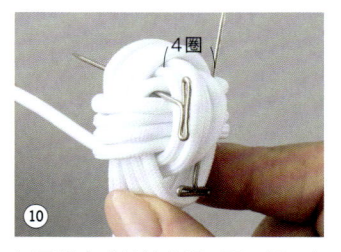

⑨ 穿過之後的樣子。

⑩ 以同樣方式並排穿過4圈，把T字針拿掉。

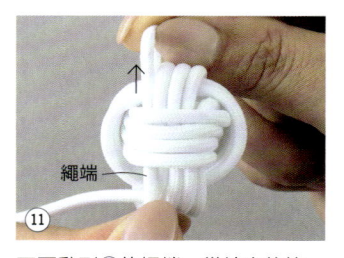

⑪ 不要動到①的繩端，從繞出的第一圈開始把繩子排列整齊依序收緊。
※⑥的☆、♡（用T型針固定的角）部分可利用醫用夾鉗拉出來調整。

單結

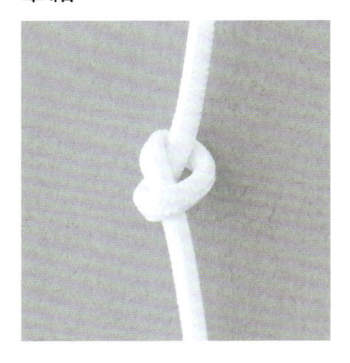

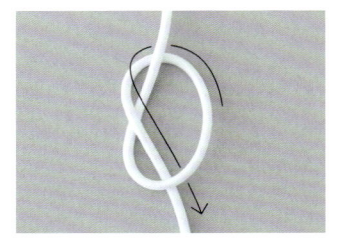

把繩端繞一圈之後穿過環圈,拉緊。

固定結

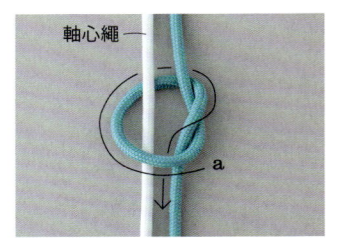

在軸心繩上將a繞一圈之後穿過環圈,把繩端拉緊。

桶結

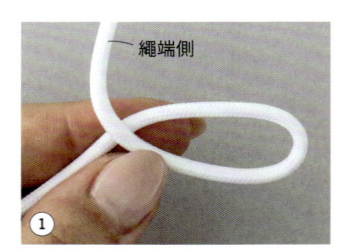

① 做出環圈,用拇指壓住交叉部分。

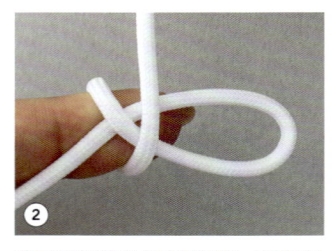

② 連同手指繞出指定的圈數(這裡是3圈)。

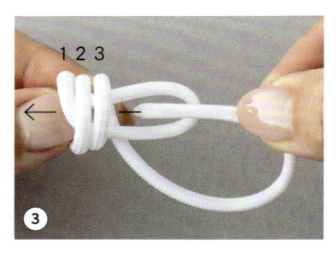

③ 抽出手指,將繩端穿過繞好的環圈。

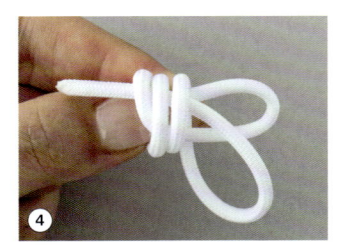

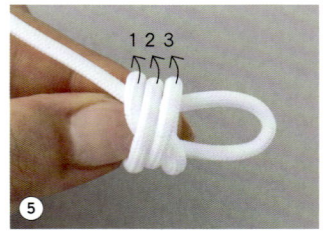

④ 穿過之後的樣子。

⑤ 依箭頭指示把繩子依序拉緊調整好。

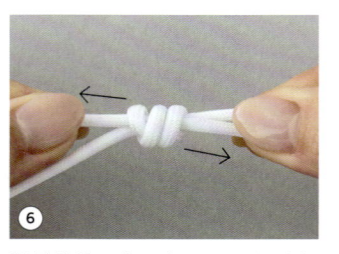

⑥ 繼續依箭頭指示把環圈和繩端拉緊,完成結目。

調整長度

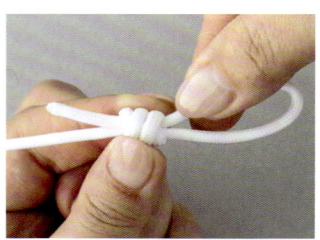

抓住結目、拉動環圈的部分就能把結目滑開,調整長度。

46

繩頭結 Ⓐ

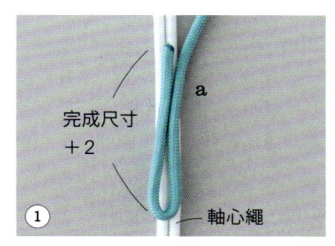

① 在軸心繩上把a依照「完成尺寸＋上下各1cm」的長度反折，重疊擺好。

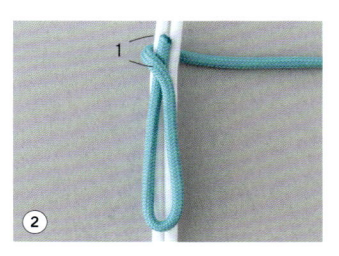

② 在上側保留1cm，用a纏繞起來。

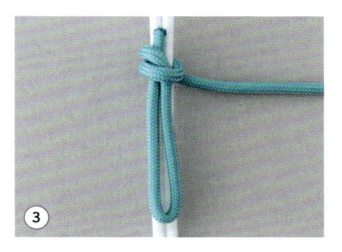

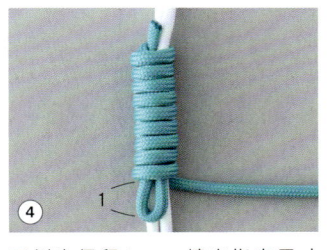

③ 不留縫隙地纏繞。

④ 下側也保留1cm，繞出指定尺寸份的長度的樣子。

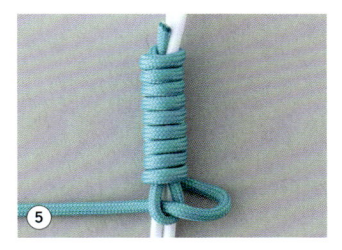

⑤ 把a的繩端穿過下側的環圈。

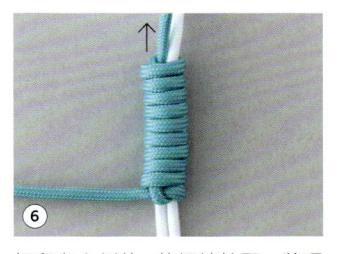

⑥ 把留在上側的a的繩端拉緊，將環圈拉進繩結當中。不好拉的情況可利用鉗子等工具輔助。

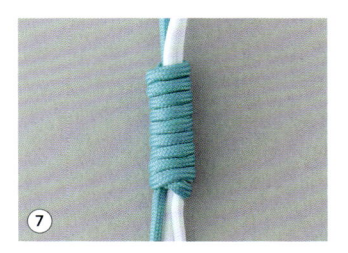

⑦ 拉進去之後的樣子。

繩頭結 Ⓑ

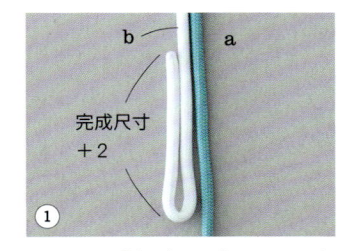

① 把b依照「完成尺寸＋上下各1cm」的長度反折。

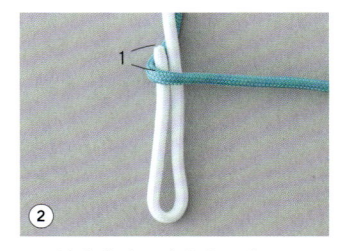

② 用a繞出完成尺寸份的長度。

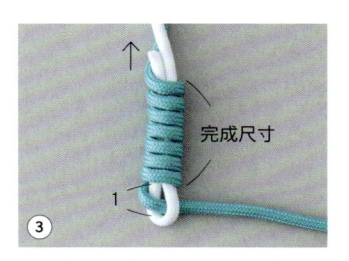

③ 把a的繩端穿過留在下側的1cm環圈，以和繩頭結Ⓐ的⑤～⑦相同方式收尾。

繩頭結 Ⓒ（安裝預裝型配件的情況）

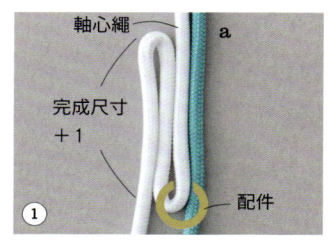

① 在軸心繩上穿入配件，把軸心繩依照「完成尺寸＋上1cm」的長度反折2次。

② 從下方開始用a纏繞。

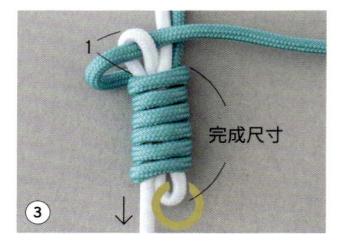

③ 在上側保留1cm，繞出完成尺寸份的長度。以和繩頭結Ⓐ的⑤～⑦相同方式收尾。

軸心繩　a
完成尺寸＋1
配件

繩頭結 Ⓓ（用1條繩子在上下做出環圈的情況）

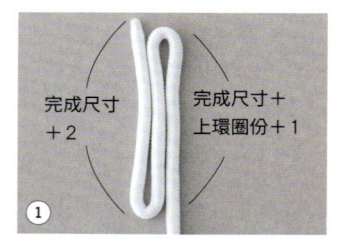

① 把繩子依照「完成尺寸＋上下1cm」、「完成尺寸＋上環圈份＋下1cm」的長度反折2次。

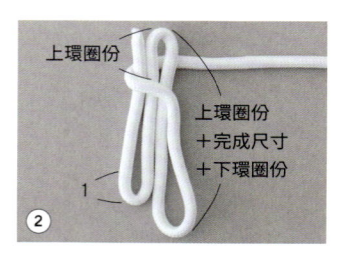

完成尺寸＋2
完成尺寸＋上環圈份＋1

② 把下側依照「上環圈份＋完成尺寸＋下環圈份」的長度反折，在上側留出上環圈份之後開始纏繞。

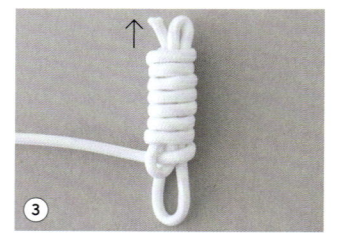

上環圈份
上環圈份＋完成尺寸＋下環圈份

③ 纏繞出完成尺寸份的長度，以和繩頭結Ⓐ的⑤～⑦相同方式收尾。

無繩結的安裝方法

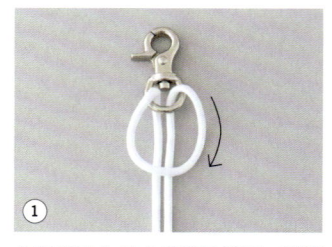

① 依照指定的尺寸把繩子折好，將環圈從龍蝦扣等的下方穿過，把環圈朝著自己的方向折好。

② 把2條的繩子從環圈中拉出來，收緊。

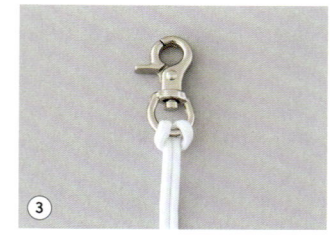

③ 完成。

長掛繩 A

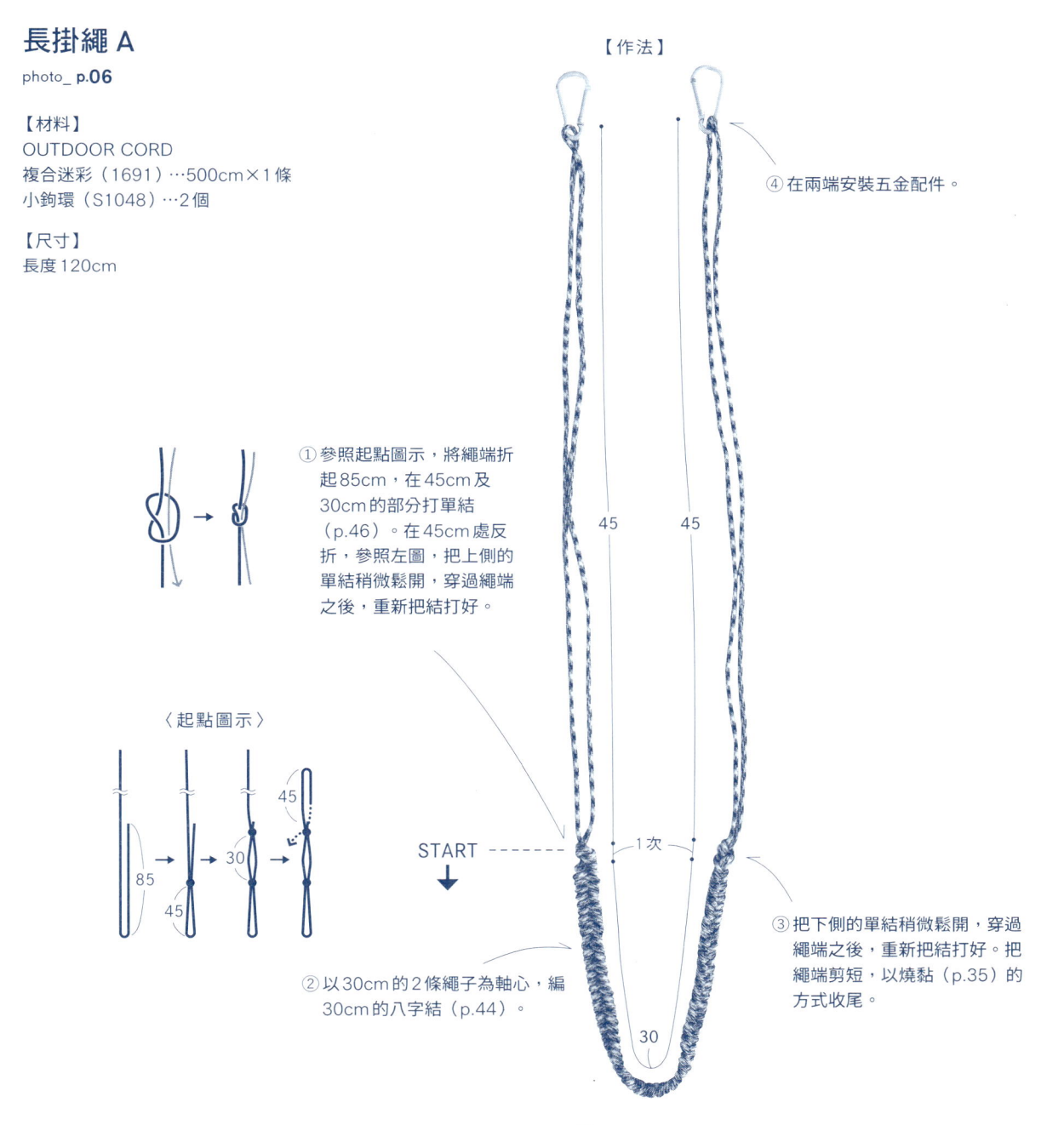

photo_ p.06

【材料】
OUTDOOR CORD
複合迷彩（1691）…500cm×1條
小鉤環（S1048）…2個

【尺寸】
長度120cm

【作法】

④ 在兩端安裝五金配件。

① 參照起點圖示，將繩端折起85cm，在45cm及30cm的部分打單結（p.46）。在45cm處反折，參照左圖，把上側的單結稍微鬆開，穿過繩端之後，重新把結打好。

〈起點圖示〉

② 以30cm的2條繩子為軸心，編30cm的八字結（p.44）。

③ 把下側的單結稍微鬆開，穿過繩端之後，重新把結打好。把繩端剪短，以燒黏（p.35）的方式收尾。

長掛繩 C

photo_ **p.08, 09**

【材料】

01
OUTDOOR ROPE（8mm）
a 金（1846）…200cm×1條
OUTDOOR CORD
b 卡其（1640）…80cm×1條
圓形鉤環小 銀（S1166）…1個
金屬 logo 環 銀（AC1721）…1個
繩尾扣 8mm 銀（S1176）…2個

02
OUTDOOR ROPE（8mm）
a 白（1841）…200cm×1條
OUTDOOR CORD
b 反光-灰（1632）…80cm×1條
圓形鉤環小 銀（S1166）…2個
金屬 logo 環 銀（AC1721）…1個
繩尾扣 8mm 銀（S1176）…2個

03
OUTDOOR ROPE（6mm）
a 鈷藍（1825）…200cm×1條
OUTDOOR CORD
b 黃綠（1625）…80cm×1條
圓形鉤環小 銀（S1166）…2個
金屬 logo 環 銀（AC1721）…1個
繩尾扣 6mm 銀（S1174）…2個

【尺寸】
長度 138cm

〈共通的收尾方式〉
把繩端剪短，以燒黏（p.35）的方式收尾。在 a 的兩端套上繩尾扣，鎖上螺絲（p.35）。

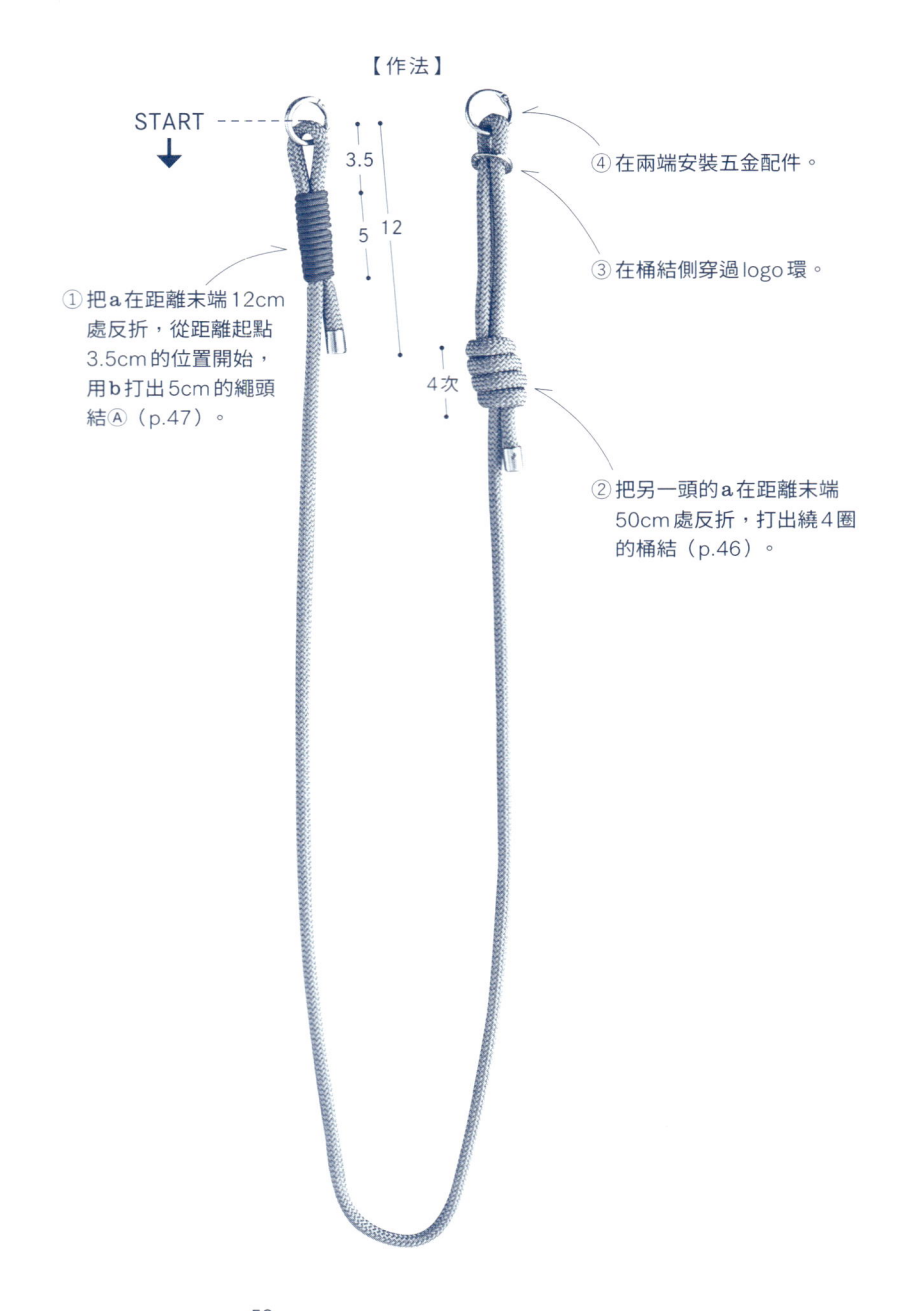

【作法】

① 把 a 在距離末端 12cm 處反折，從距離起點 3.5cm 的位置開始，用 b 打出 5cm 的繩頭結Ⓐ（p.47）。

② 把另一頭的 a 在距離末端 50cm 處反折，打出繞 4 圈的桶結（p.46）。

③ 在桶結側穿過 logo 環。

④ 在兩端安裝五金配件。

長掛繩 D

photo_ **p.09**

【材料】

01
OUTDOOR CORD
a 黃綠（1625）…400cm×1條
b 蜂巢黃綠（1653）…400cm×1條

02
OUTDOOR CORD
a 淺紫（1658）…400cm×1條
b 蜂巢薰衣草紫（1656）…400cm×1條

共通
迷你龍蝦扣 銀（S1070）…2個

【尺寸】
長度126cm

【作法】

START

① 把a、b的中央對齊固定，從一側開始編左右結（p.41）到剩下20cm為止。編另一側的左右結時，要以結目朝向反方向的方式編到剩下20cm為止。

120

〈安裝圖〉

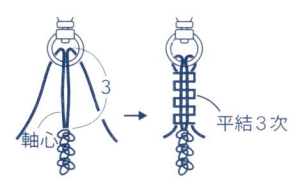

軸心　3　→　平結3次

② 參照安裝圖，將繩端穿過五金配件，在距離結目3cm處反折，編3次（3cm）平結（p.39）。把繩端剪短，以燒黏（p.35）的方式收尾。另一頭也以同樣方式處理。

3
（3次）

長掛繩 E（短＋中）

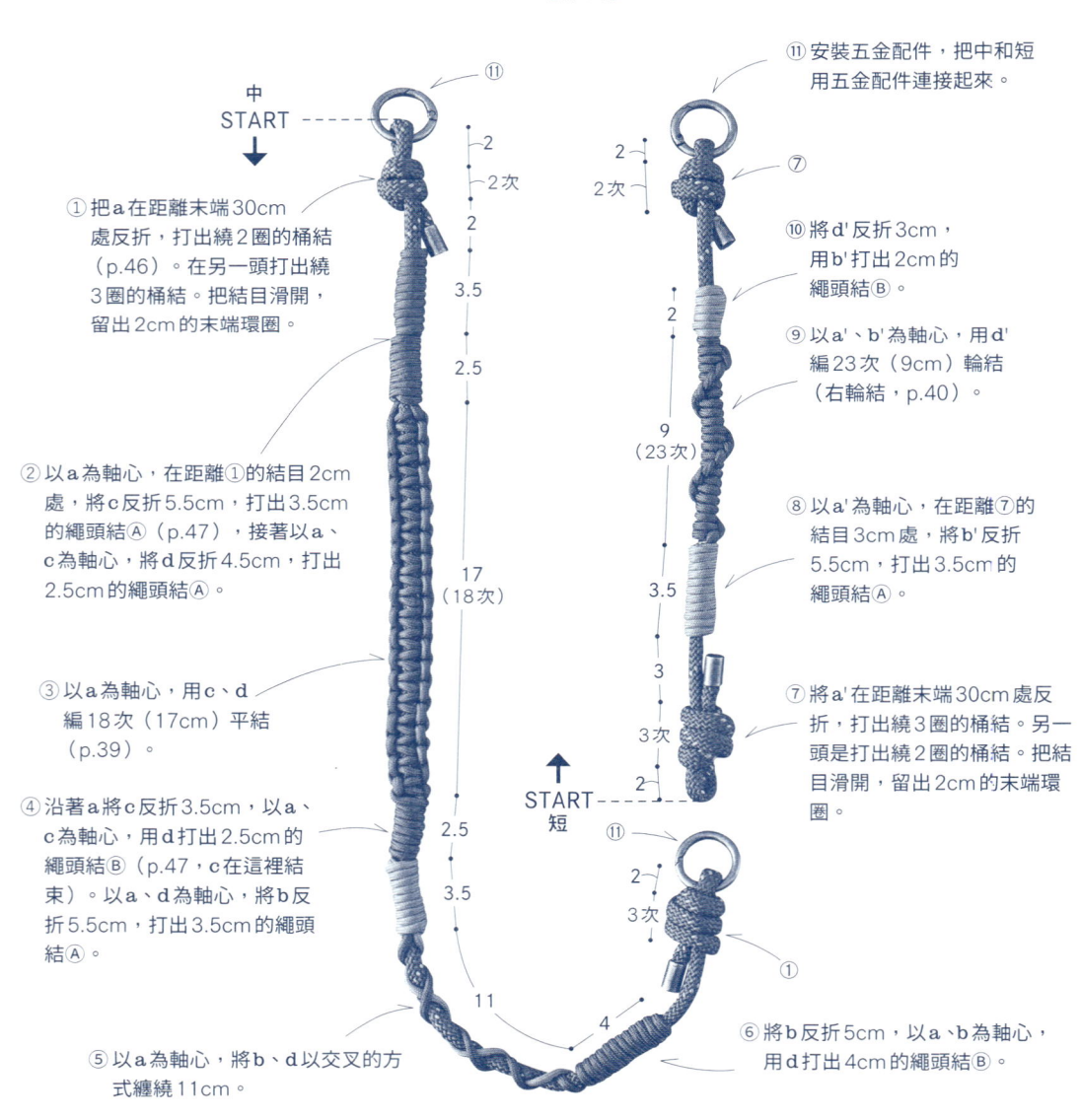

photo_ p.10, 11

【材料】

中
OUTDOOR ROPE（6mm）
a 胭脂紅（1824）…105cm×1條
OUTDOOR CORD
b 海水藍（1628）…80cm×1條
c 紅（1621）…180cm×1條
d 卡其（1640）…250cm×1條

短
OUTDOOR ROPE（6mm）
a' 胭脂紅（1824）…70cm×1條
OUTDOOR CORD
b' 海水藍（1628）…100cm×1條
d' 卡其色（1640）…120cm×1條

圓形鉤環小
古銅（AG1198）…3個
繩尾扣6mm
古銅（AG1200）…4個

【尺寸】
中 長度56cm
短 長度28cm

〈共通的收尾方式〉
最後把繩端全部剪短，以燒黏（p.35）的方式收尾。在a、a'的兩端套上繩尾扣，鎖上螺絲（p.35）。

【作法】

① 把a在距離末端30cm處反折，打出繞2圈的桶結（p.46）。在另一頭打出繞3圈的桶結。把結目滑開，留出2cm的末端環圈。

② 以a為軸心，在距離①的結目2cm處，將c反折5.5cm，打出3.5cm的繩頭結Ⓐ（p.47），接著以a、c為軸心，將d反折4.5cm，打出2.5cm的繩頭結Ⓐ。

③ 以a為軸心，用c、d編18次（17cm）平結（p.39）。

④ 沿著a將c反折3.5cm，以a、c為軸心，用d打出2.5cm的繩頭結Ⓑ（p.47，c在這裡結束）。以a、d為軸心，將b反折5.5cm，打出3.5cm的繩頭結Ⓐ。

⑤ 以a為軸心，將b、d以交叉的方式纏繞11cm。

⑥ 將b反折5cm，以a、b為軸心，用d打出4cm的繩頭結Ⓑ。

⑦ 將a'在距離末端30cm處反折，打出繞3圈的桶結。另一頭是打出繞2圈的桶結。把結目滑開，留出2cm的末端環圈。

⑧ 以a'為軸心，在距離⑦的結目3cm處，將b'反折5.5cm，打出3.5cm的繩頭結Ⓐ。

⑨ 以a'、b'為軸心，用d'編23次（9cm）輪結（右輪結，p.40）。

⑩ 將d'反折3cm，用b'打出2cm的繩頭結Ⓑ。

⑪ 安裝五金配件，把中和短用五金配件連接起來。

三角袋　photo_ p.10

【材料】
表布
（DARUMA FABRIC Clay 棉尼龍軋別丁）
…108cm寬38cm

※ 短款的掛繩，只要在三角袋的末端穿上圓形鉤環，就能當成袋子的提把使用。

【裁剪配置圖】
※ 依照圖中尺寸，直接在布料的反面做記號

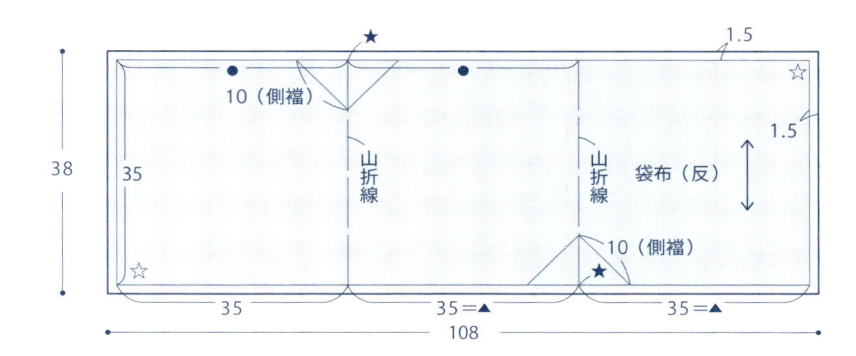

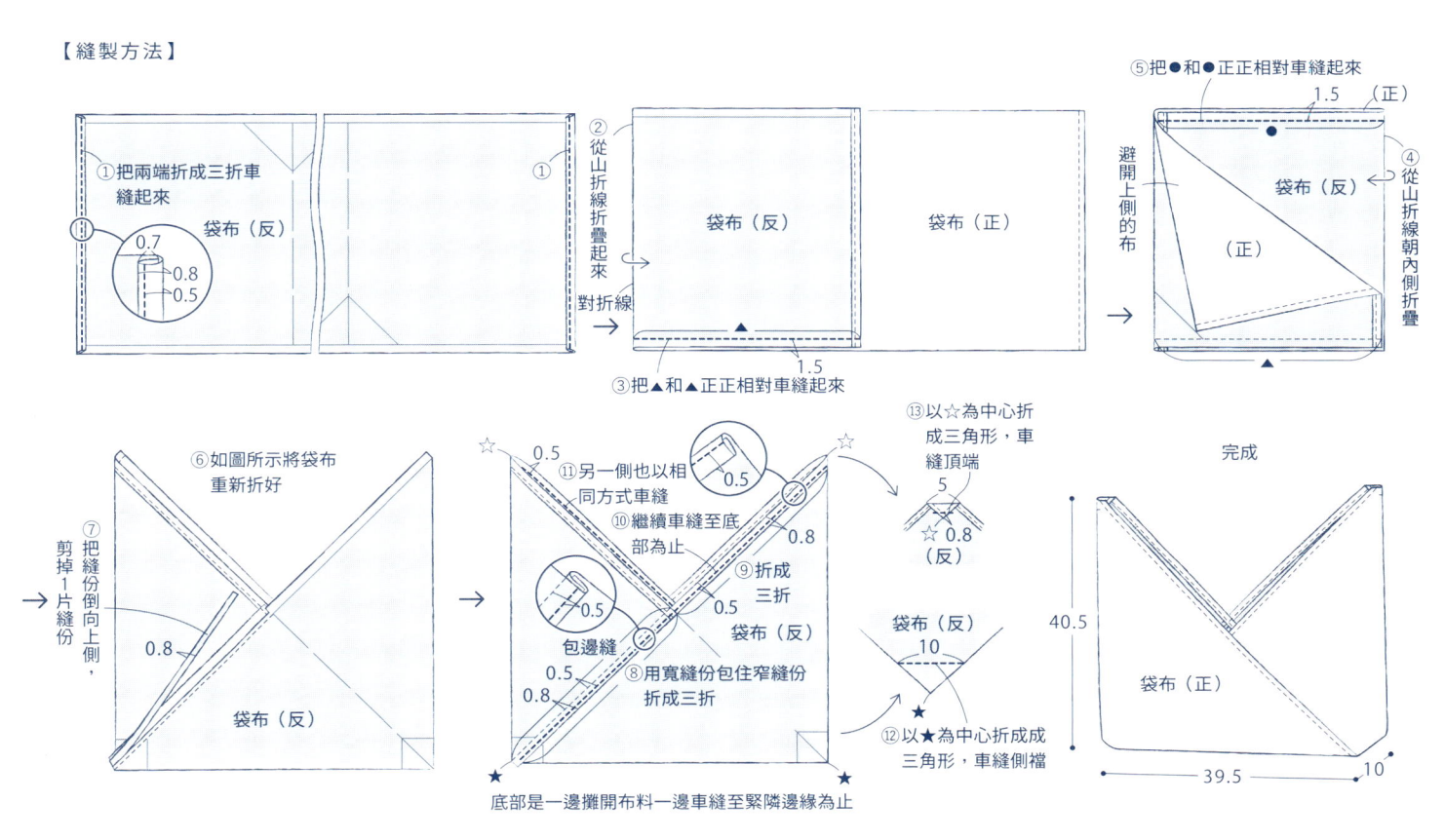

【縫製方法】

① 把兩端折成三折車縫起來

② 從山折線折疊起來

③ 把▲和▲正正相對車縫起來

④ 從山折線朝內側折疊

⑤ 把●和●正正相對車縫起來

⑥ 如圖所示將袋布重新折好

⑦ 把縫份倒向上側，剪掉1片縫份

⑧ 用寬縫份包住窄縫份折成三折

⑨ 折成三折

⑩ 繼續車縫至底部為止

⑪ 另一側也以相同方式車縫

包邊縫

底部是一邊攤開布料一邊車縫至緊鄰邊緣為止

⑫ 以★為中心折成成三角形，車縫側襠

⑬ 以☆為中心折成三角形，車縫頂端

完成

長掛繩 F

photo_ p.14

【材料】
OUTDOOR ROPE（8mm）
黑（1848）…200cm×1條
繩尾扣8mm
黑（B1179）…2個

【尺寸】
長度97cm

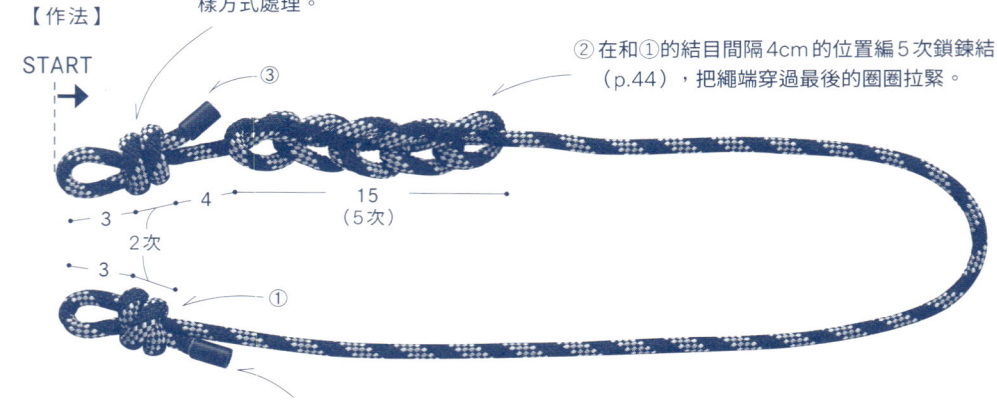

短掛繩 A

photo_ p.12

【材料】
01
OUTDOOR CORD
a 蜂巢橘（1654）…100cm×1條
b 卡其（1640）…100cm×1條
c 橘（1623）…100cm×1條
圓形鉤環小 銀（S1166）…1個
迷你鉤環（S1048）…1個
鑰匙圈環 銀（S1014）…1個

02
OUTDOOR CORD
a 蜂巢黃（1652）…100cm×1條
b 反光-灰（1632）…100cm×1條
c 螢光黃（1662）…100cm×1條
圓形鉤環小 古銅（AG1198）…1個

03
OUTDOOR CORD
a 黑（1646）…100cm×1條
b 海水藍（1628）…100cm×1條
c 炭灰混色（1766）…100cm×1條
圓形鉤環小 古銅（AG1198）…1個

【尺寸】
長度43cm

【作法】

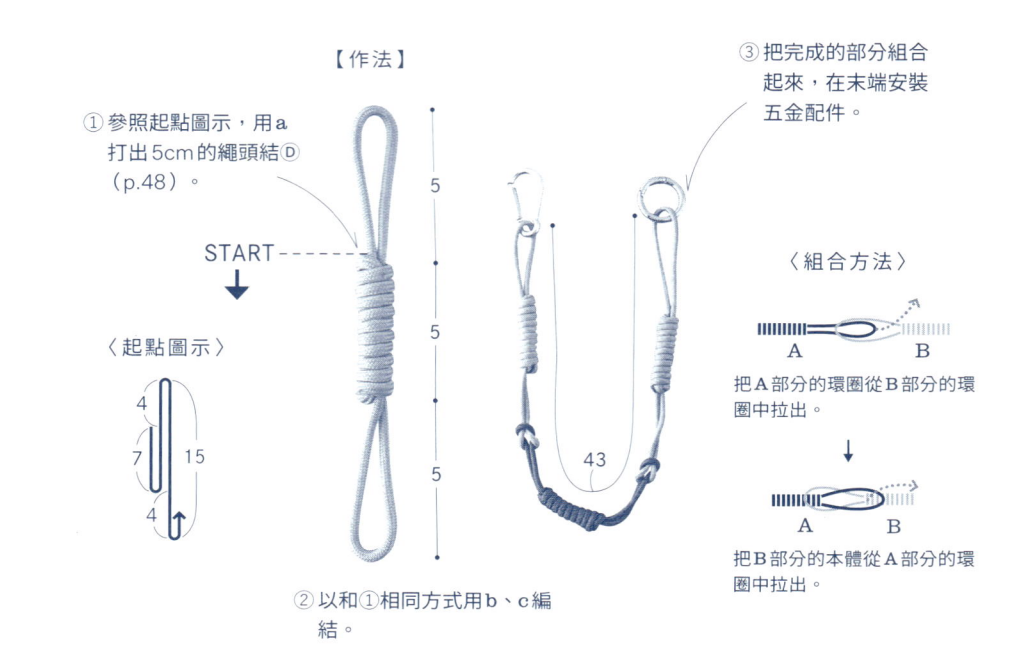

① 把繩端穿過五金配件，在30cm處反折之後打出繞2圈的桶結（p.46）。把結目滑開，留出3cm的末端環圈。另一頭也以同樣方式處理。

② 在和①的結目間隔4cm的位置編5次鎖鍊結（p.44），把繩端穿過最後的圈圈拉緊。

③ 把繩端以燒黏（p.35）的方式收尾，塗上黏著劑，套上繩尾扣（p.35）。另一頭也以同樣方式處理。

【作法】

① 參照起點圖示，用a打出5cm的繩頭結D（p.48）。

② 以和①相同方式用b、c編結。

③ 把完成的部分組合起來，在末端安裝五金配件。

〈組合方法〉

把A部分的環圈從B部分的環圈中拉出。

↓

把B部分的本體從A部分的環圈中拉出。

長掛繩 G　photo_ p.14

【材料】
OUTDOOR CORD
a 糖果迷彩（1644）…500cm×2條
b 糖果迷彩（1644）…130cm×1條
迷你龍蝦扣 銀（S1070）…2個

【尺寸】
長度95cm

【作法】

① 參照起點圖示，將a和b的繩子中央對齊排好。

〈起點圖示〉

② 以b為軸心，用a編44.5cm的平結（參照p.39，從左上平結開始）。

③ 編好一半之後上下倒轉，以和②相同方式編完剩下一半。此時為了讓平結的花樣保持連貫，必須從右上平結（p.39）開始編。

④ 參照安裝圖，將3條繩端穿過五金配件，在距離結目3cm處反折，以4條為軸心，用2條a編2.5次（3cm）平結。以燒黏（p.35）的方式把繩端剪短、收尾。另一頭也以同樣方式處理。

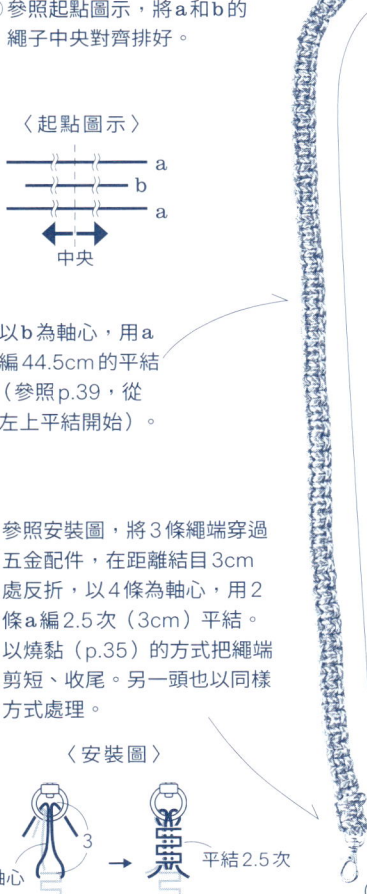

〈安裝圖〉
軸心　平結2.5次

長掛繩 J　photo_ p.18

【材料】
01
OUTDOOR CORD
反光-白（1631）…360cm×1條
02
OUTDOOR CORD
螢光綠（1661）…360cm×1條
圓形鉤環小 銀（S1166）…1個
COVER
OUTDOOR CORD
蜂巢洋紅（1651）…360cm×1條
圓形鉤環小 銀（S1166）…1個

【尺寸】
長度129cm

【作法】

① 參照起點圖示，把繩子從中央對折，在7.5cm處反折，從距離起點3cm的位置開始依照繩頭結Ⓐ（p.47）的要領打出3.5cm的結。

〈起點圖示〉

〈終點的圖〉
短端
長端

② 另一頭是參照終點的圖，把短端在距離①的環圈129cm處折好，反折8.5cm，從4cm的位置開始，沿著長端打3.5cm的繩頭結Ⓓ（p.48）。

③ 把繩端剪短，以燒黏（p.35）的方式收尾，在末端安裝五金配件。

55

長掛繩 H

photo_ p.15

【材料】

01
OUTDOOR CORD
a 靛藍混色（1762）…370cm×1條
b 靛藍混色（1762）…60cm×1條
c 白（1639）…80cm×2條
d 海軍藍（1648）…400cm×1條

02
OUTDOOR CORD
a 草莓迷彩（1642）…370cm×1條
b 草莓迷彩（1642）…60cm×1條
c 反光-灰（1632）…80cm×2條
d 紅（1621）…400cm×1條

03
OUTDOOR CORD
a 炭灰混色（1766）…370cm×1條
b 炭灰混色（1766）…60cm×1條
c 反光-白（1631）…80cm×2條
d 黑（1646）…400cm×1條

共通
圓形鉤環小 銀（S1166）…2個

【尺寸】
長度124cm

LESSON 影片
作品的解說影片請掃描右側的 QR Code 來觀看。

〈共通的收尾方式〉
最後把繩端全部剪短，以燒黏（p.35）的方式收尾。

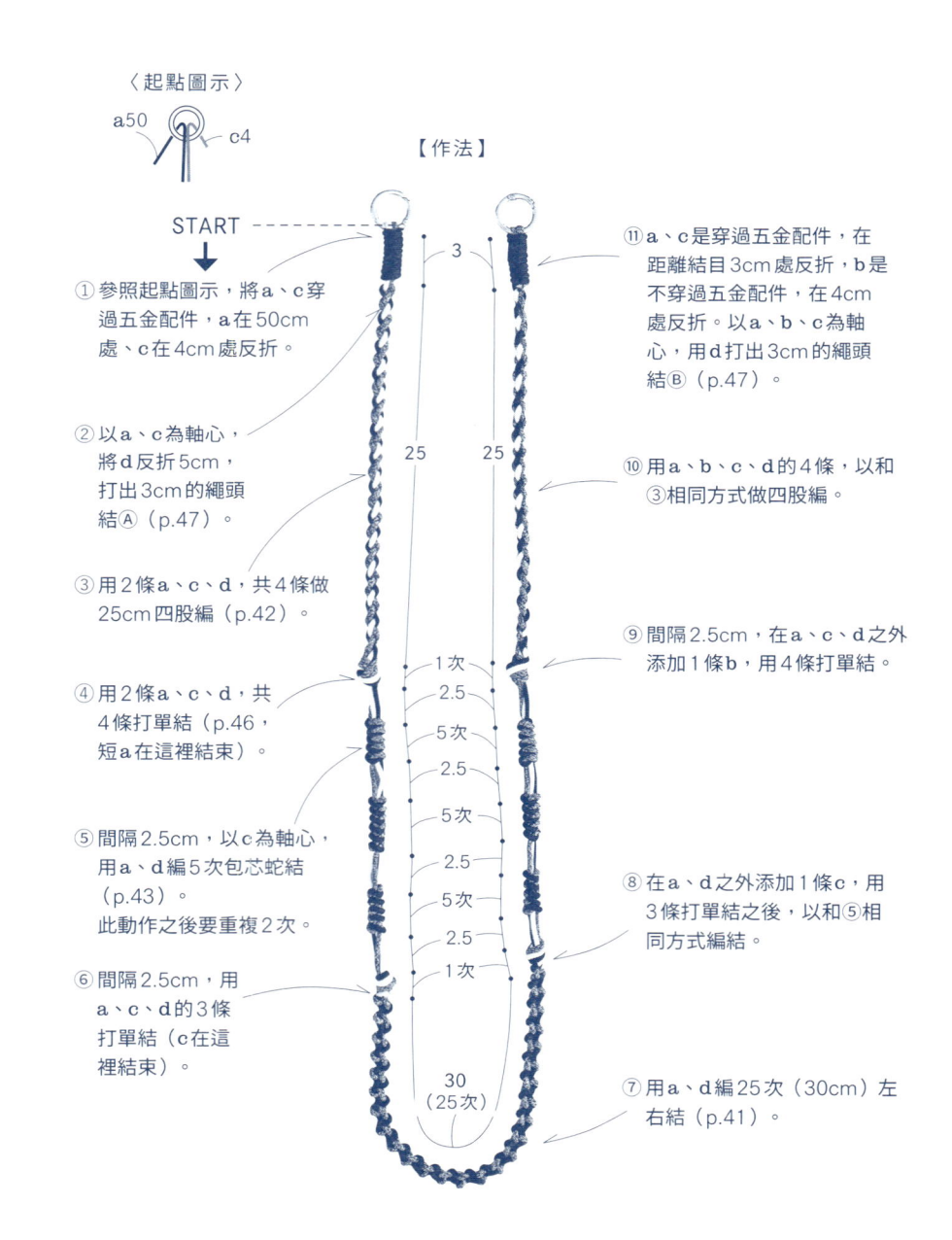

〈起點圖示〉
a50　c4

【作法】

START

① 參照起點圖示，將a、c穿過五金配件，a在50cm處、c在4cm處反折。

② 以a、c為軸心，將d反折5cm，打出3cm的繩頭結Ⓐ（p.47）。

③ 用2條a、c、d，共4條做25cm四股編（p.42）。

④ 用2條a、c、d，共4條打單結（p.46，短a在這裡結束）。

⑤ 間隔2.5cm，以c為軸心，用a、d編5次包芯蛇結（p.43）。此動作之後要重複2次。

⑥ 間隔2.5cm，用a、c、d的3條打單結（c在這裡結束）。

⑦ 用a、d編25次（30cm）左右結（p.41）。

⑧ 在a、d之外添加1條c，用3條打單結之後，以和⑤相同方式編結。

⑨ 間隔2.5cm，在a、c、d之外添加1條b，用4條打單結。

⑩ 用a、b、c、d的4條，以和③相同方式做四股編。

⑪ a、c是穿過五金配件，在距離結目3cm處反折，b是不穿過五金配件，在4cm處反折。以a、b、c為軸心，用d打出3cm的繩頭結Ⓑ（p.47）。

3
25　25
1次
2.5
5次
2.5
5次
2.5
5次
2.5
1次
30（25次）

長掛繩 I

photo_ **p.17**

【材料】

01
OUTDOOR ROPE（6mm）
a 金（1826）…200cm×1條
OUTDOOR CORD
b 反光-白（1631）…330cm×1條
c 橘（1623）…330cm×1條
d 蜂巢橘（1654）…200cm×1條
圓形鉤環小 金（G1167）…2個
繩尾扣6mm 金（G1175）…2個

02
OUTDOOR ROPE（6mm）
a 銀（1827）…200cm×1條
OUTDOOR CORD
b 反光-黑（1633）…330cm×1條
c 綠（1626）…330cm×1條
d 苔蘚綠混色（1763）…200cm×1條
圓形鉤環小 銀（S1166）…2個
繩尾扣6mm 銀（S1174）…2個

【尺寸】
長度129cm

〈共通的收尾方式〉
最後，把繩端全部剪短，以燒黏（p.35）的方式收尾。在a的兩端套上繩尾扣，鎖上螺絲（p.35）。

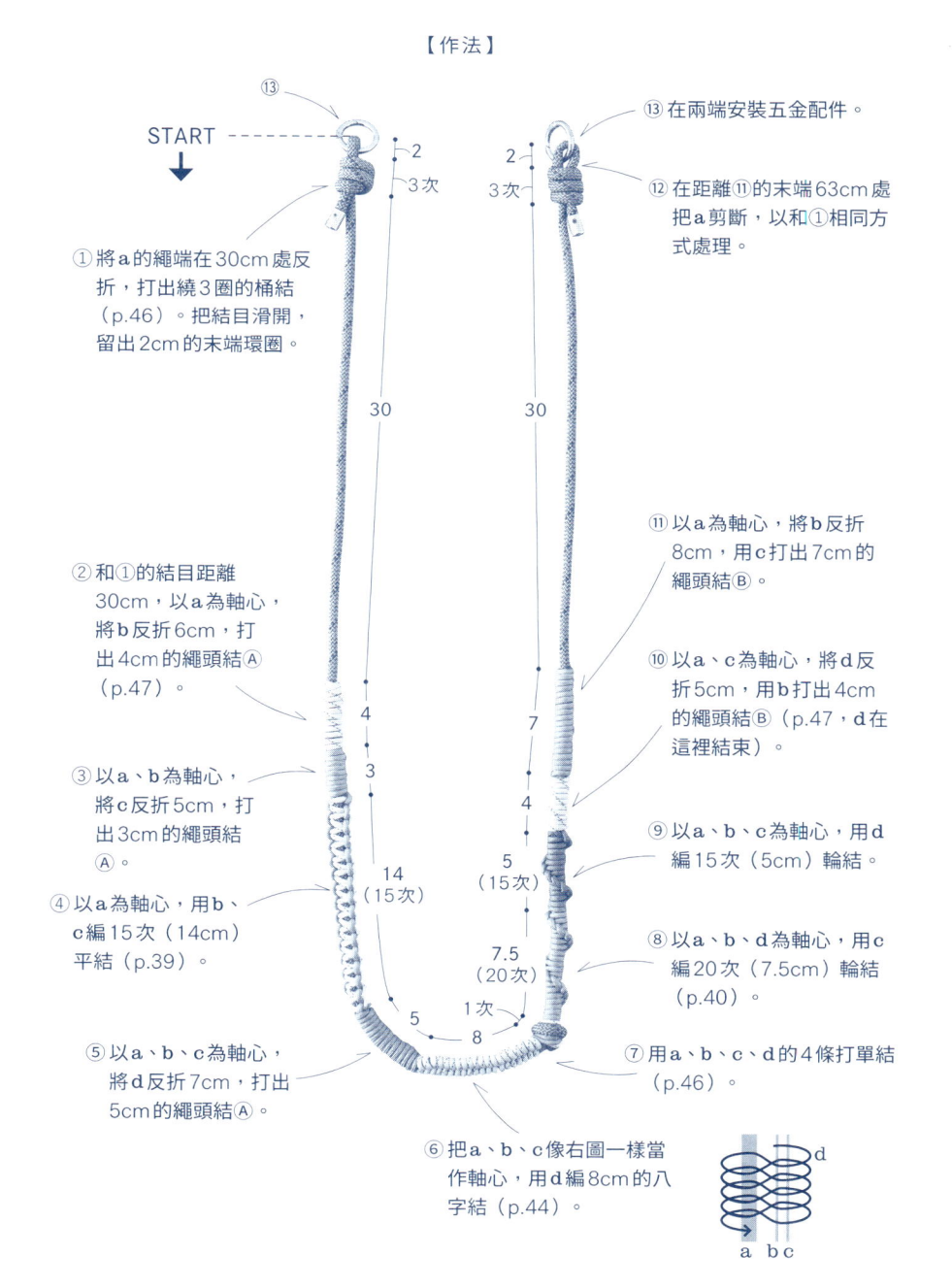

【作法】

① 將a的繩端在30cm處反折，打出繞3圈的桶結（p.46）。把結目滑開，留出2cm的末端環圈。

② 和①的結目距離30cm，以a為軸心，將b反折6cm，打出4cm的繩頭結Ⓐ（p.47）。

③ 以a、b為軸心，將c反折5cm，打出3cm的繩頭結Ⓐ。

④ 以a為軸心，用b、c編15次（14cm）平結（p.39）。

⑤ 以a、b、c為軸心，將d反折7cm，打出5cm的繩頭結Ⓐ。

⑥ 把a、b、c像右圖一樣當作軸心，用d編8cm的八字結（p.44）。

⑦ 用a、b、c、d的4條打單結（p.46）。

⑧ 以a、b、d為軸心，用c編20次（7.5cm）輪結（p.40）。

⑨ 以a、b、c為軸心，用d編15次（5cm）輪結。

⑩ 以a、c為軸心，將d反折5cm，用b打出4cm的繩頭結Ⓑ（p.47，d在這裡結束）。

⑪ 以a為軸心，將b反折8cm，用c打出7cm的繩頭結Ⓑ。

⑫ 在距離⑪的末端63cm處把a剪斷，以和①相同方式處理。

⑬ 在兩端安裝五金配件。

57

長掛繩 K

photo_ **p.18**

【材料】

01
OUTDOOR CORD
a 黑（1646）…500cm×1條
b 反光-黑（1633）…400cm×1條
c 反光-黑（1633）…100cm×1條
小鉤扣 銀（S1870）…2個

02
OUTDOOR CORD
a 軍綠（1641）…500cm×1條
b 軍事迷彩（1635）…400cm×1條
c 軍事迷彩（1635）…100cm×1條
小鉤扣 金（G1879）…2個

【尺寸】
長度 136.5cm

〈共通的收尾方式〉
最後把繩端全部剪短，以燒黏（p.35）的方式收尾。

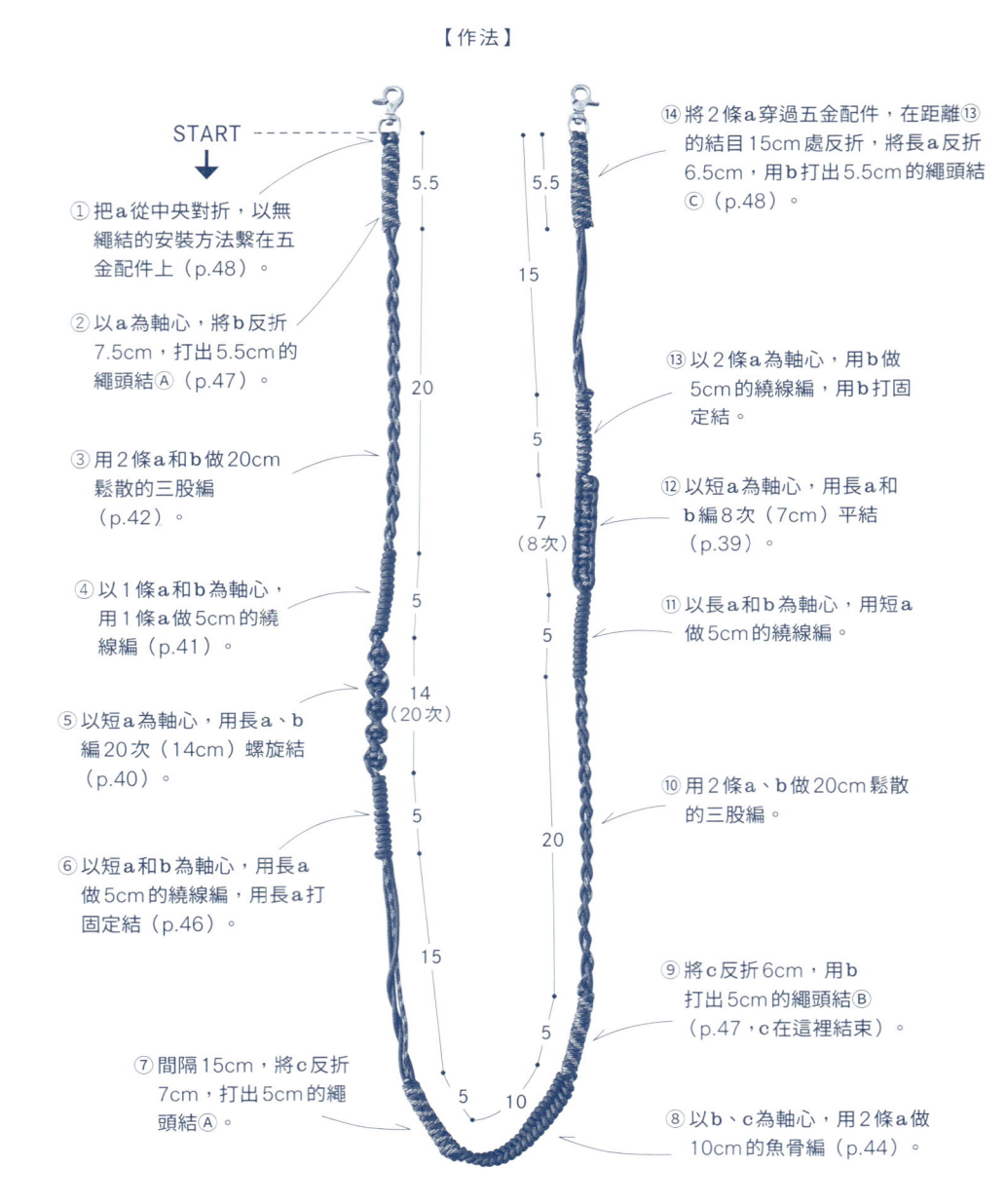

【作法】

START

① 把 a 從中央對折，以無繩結的安裝方法繫在五金配件上（p.48）。

② 以 a 為軸心，將 b 反折 7.5cm，打出 5.5cm 的繩頭結Ⓐ（p.47）。

③ 用 2 條 a 和 b 做 20cm 鬆散的三股編（p.42）。

④ 以 1 條 a 和 b 為軸心，用 1 條 a 做 5cm 的繞線編（p.41）。

⑤ 以短 a 為軸心，用長 a、b 編 20 次（14cm）螺旋結（p.40）。

⑥ 以短 a 和 b 為軸心，用長 a 做 5cm 的繞線編，用長 a 打固定結（p.46）。

⑦ 間隔 15cm，將 c 反折 7cm，打出 5cm 的繩頭結Ⓐ。

⑭ 將 2 條 a 穿過五金配件，在距離⑬的結目 15cm 處反折，將長 a 反折 6.5cm，用 b 打出 5.5cm 的繩頭結Ⓒ（p.48）。

⑬ 以 2 條 a 為軸心，用 b 做 5cm 的繞線編，用 b 打固定結。

⑫ 以短 a 為軸心，用長 a 和 b 編 8 次（7cm）平結（p.39）。

⑪ 以長 a 和 b 為軸心，用短 a 做 5cm 的繞線編。

⑩ 用 2 條 a、b 做 20cm 鬆散的三股編。

⑨ 將 c 反折 6cm，用 b 打出 5cm 的繩頭結Ⓑ（p.47，c 在這裡結束）。

⑧ 以 b、c 為軸心，用 2 條 a 做 10cm 的魚骨編（p.44）。

短掛繩 B

photo_p.19

【材料】

01
OUTDOOR CORD
a 洋紅（1622）…180cm×1條
b 沙色迷彩（1634）…150cm×1條
c 螢光粉紅（1663）…150cm×1條

02
OUTDOOR CORD
a 藍（1629）…180cm×1條
b 天空藍（1627）…150cm×1條
c 蜂巢海水藍（1655）…150cm×1條

03
OUTDOOR CORD
a 海水藍（1628）…180cm×1條
b 彩虹迷彩（1638）…150cm×1條
c 螢光綠（1661）…150cm×1條

共通
小鉤扣 銀（S1870）…2個

【尺寸】
長度36cm

〈起點圖示〉

【作法】

① 參照起點圖示，將a、c穿過五金配件，在4cm處反折。

② 以在①穿過的4條為軸心，將b反折4.5cm，打出2.5cm的繩頭結Ⓐ（p.47）。

③ 用a、b、c的3條打單結（p.46）。

④ 以b為軸心，用a、c交替著編1次左上平結和1次右上平結（都在p.39）。此動作接下來要重複8次（共計8.5cm）。

⑤ 用a、b、c的3條打2次單結。

⑥ 以a、b為軸心，用c做5cm的繞線編（p.41）。

⑦ 用a、b、c的3條打單結。

⑧ 以b、c為軸心，用a做3cm的繞線編。

⑨ 用a、b、c的3條打單結。

⑩ 以a為軸心，用b、c編6次（6cm）平結。

⑪ 用a、b、c的3條打2次單結。

⑫ 將b、c穿過五金配件，在距離結目2.5cm處反折，將b在3.5cm處反折，以a、b、c為軸心，用a打出2.5cm的繩頭結Ⓒ（p.48）。把繩端全部剪短，以燒黏（p.35）的方式收尾。

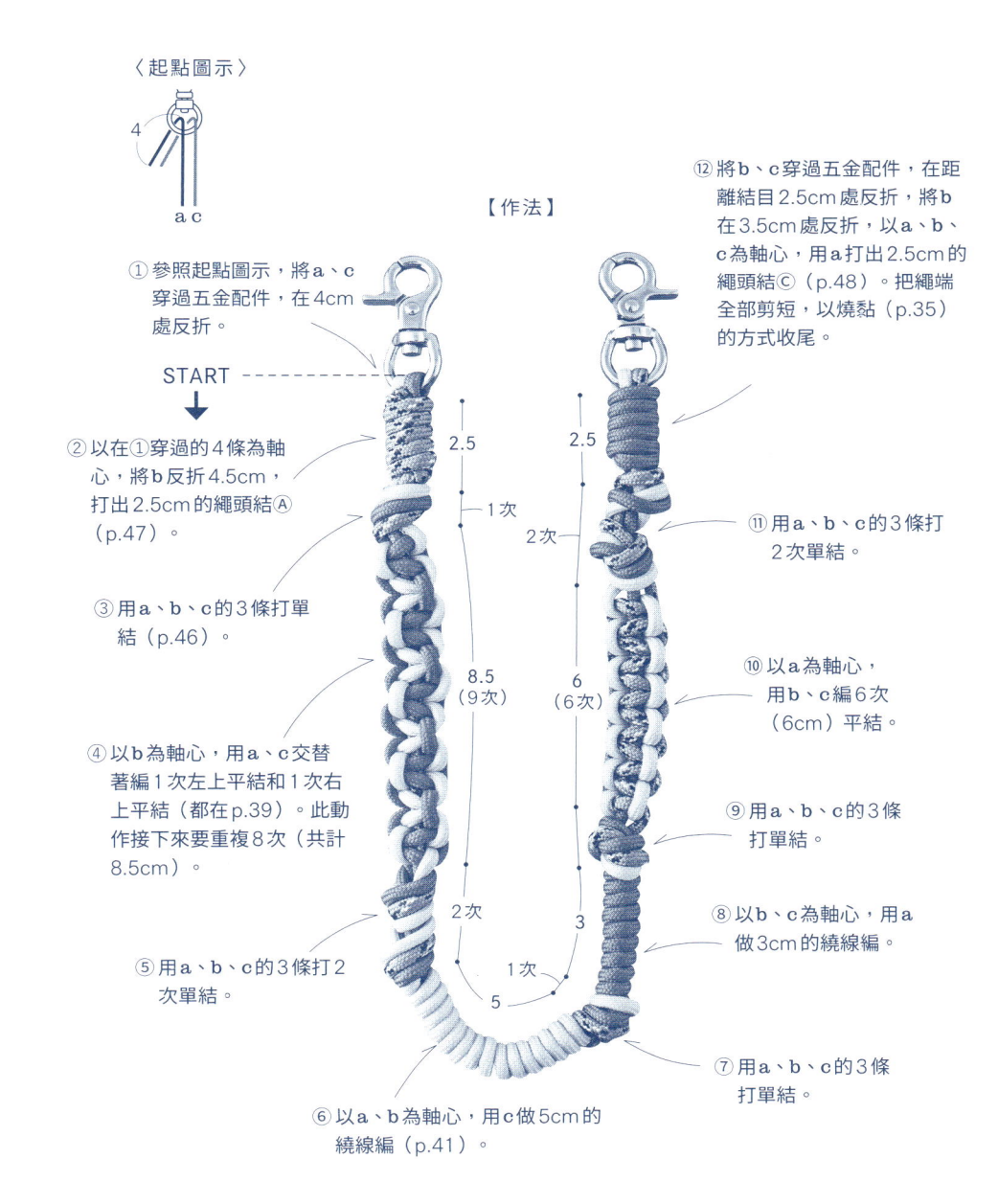

涼鞋裝飾　photo_ **p.22**

【材料】
OUTDOOR CORD
義式迷彩（1636）…150cm×2條

【作法】
① 以繫帶為軸心，把繩子從中央分成左右（參照p.39「添加繩子的方法」），只編平結。這裡是重複8次（7cm）。

START ↓

7（8次）

② 把繩端從背面塞入軸心中，剪短之後以燒黏（p.35）的方式收尾。

雨傘手把　photo_ **p.23**

【材料】
OUTDOOR CORD
慶典迷彩（1645）…500cm×1條

【尺寸】
雨傘的手把部分19cm

【作法】
① 把繩子從中央對折，在距離中央18cm的位置用2條打單結（p.46）。

② 以雨傘的手把為軸心，用2條只編雀頭結（左雀頭結，p.41）。這裡是19cm。

START ↓

18

19

中央

③ 把繩端從背面塞入軸心當中，剪短之後以燒黏（p.35）的方式收尾。

背包裝飾 photo_ p.24

【材料】
提把
OUTDOOR CORD
a 黃（1624）…120cm×1條
b 反光-白（1631）…120cm×1條
飾帶
c 黃（1624）、d 反光-白（1631）
…50cm×每片1條
拉鍊拉片
e 黃（1624）、反光-白（1631）
…40cm×每片1條

【尺寸】
提把 長度 16cm
飾帶 長度 5.5cm
拉鍊拉片 長度 4cm

〈共通的收尾方式〉
最後把繩端全部剪短，以燒黏（p.35）的方式收尾。

【作法】

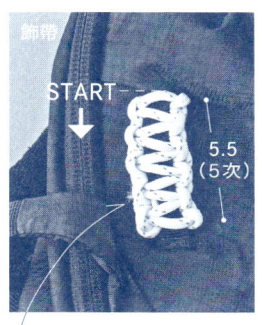

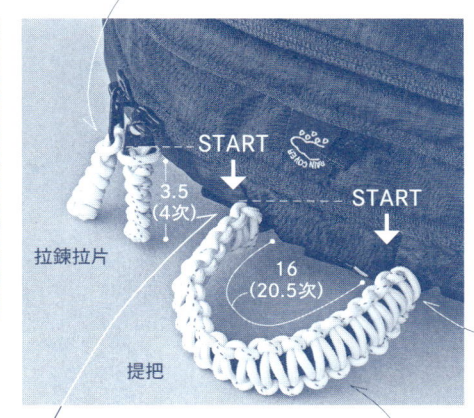

④ 以無繩結的安裝方法（p.48）繫在拉鍊的拉片上，用1條的e或f編5次（3.5cm）蛇結（p.43）。

飾帶
START
5.5（5次）

START
3.5（4次）

START
16（20.5次）

拉鍊拉片

提把

〈起點圖示〉

⑤ 參照p.60涼鞋裝飾的①～②，用1條的c或d編平結。這裡是5次（5.5cm）。

① 參照起點圖示，在作為軸心的提把背面將a、b反折2cm。

② 以提把為軸心，用a、b編平結（p.39）。這裡是20.5次（16cm）。

③ 把繩端從背面塞入軸心當中。

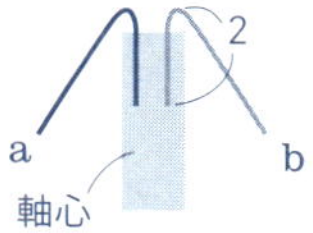

雪拉杯手把 photo_ p.25

【材料】
01
OUTDOOR CORD
黃色迷彩（1693）…140cm×1條

02
OUTDOOR CORD
紫（1630）…140cm×1條

【尺寸】
手把部分 9.5cm

【作法】

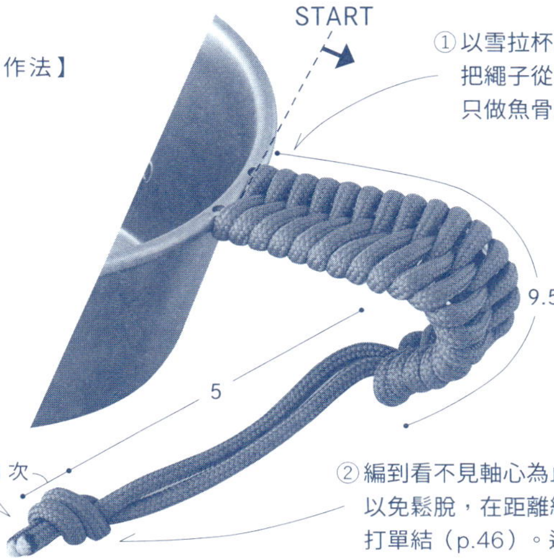

START

① 以雪拉杯的手把為軸心，把繩子從中央分成左右，只做魚骨編（p.44）。

9.5

5

1次

③ 把繩端剪短，以燒黏（p.35）的方式收尾。

② 編到看不見軸心為止，最後把結拉緊以免鬆脫，在距離結目5cm處用2條打單結（p.46）。這裡是9.5cm。

61

漁網袋　photo_ p.26

【材料】
OUTDOOR CORD
a 洋紅（1622）…180cm×8條
b 洋紅（1622）…200cm×1條

【尺寸】
深度21.5cm、長度63cm

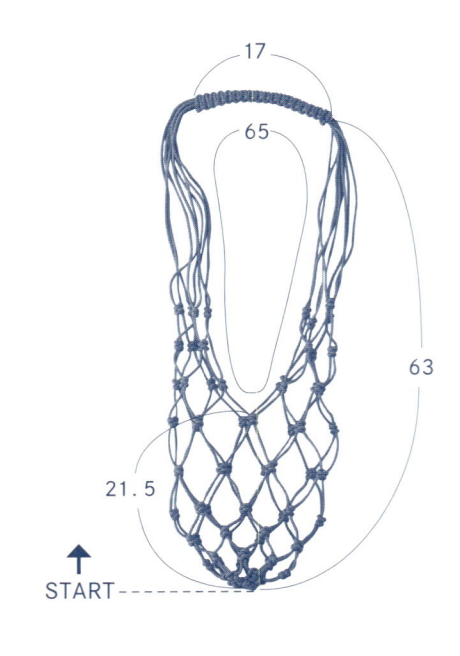

【作法】

① 以1條a為軸心做成圓圈，將7條a從中央對折，以無繩結的安裝方法（p.48）繫在圓圈上（其中1條穿過2條軸心）。

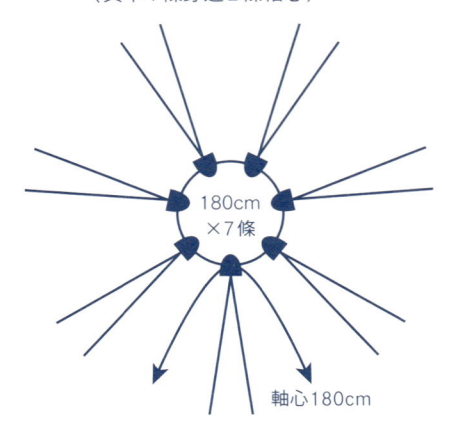

② 把圓圈收緊，以4條為一組編1.5次平結（p.39），做出4個部分。

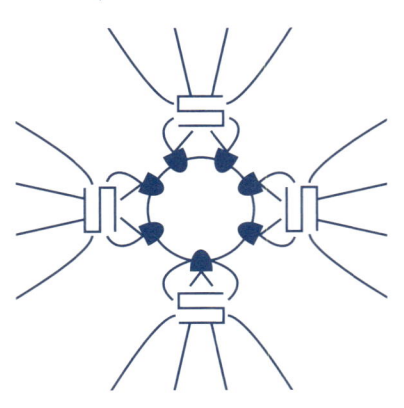

③ 第1段是在距離②的結目2cm處，以2條為一組編2次蛇結（p.43）。第2、3段是以兩兩拆開的2條為一組，在距離前段的蛇結2cm處編結。

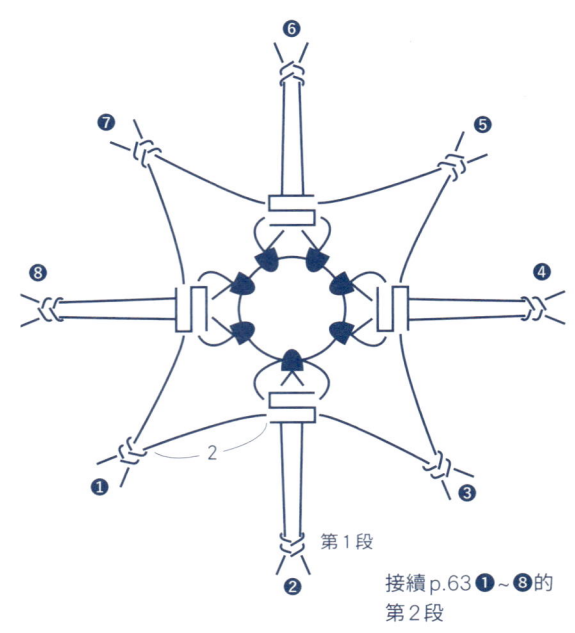

▼ =無繩結的安裝方法（p.48)　　⊏⊐ =平結（p.39)　　∪ =蛇結（p.43)

接續p.63 ❶～❽的第2段

62

❶ ❷ ❸ ❹ ❺ ❻ ❼ ❽

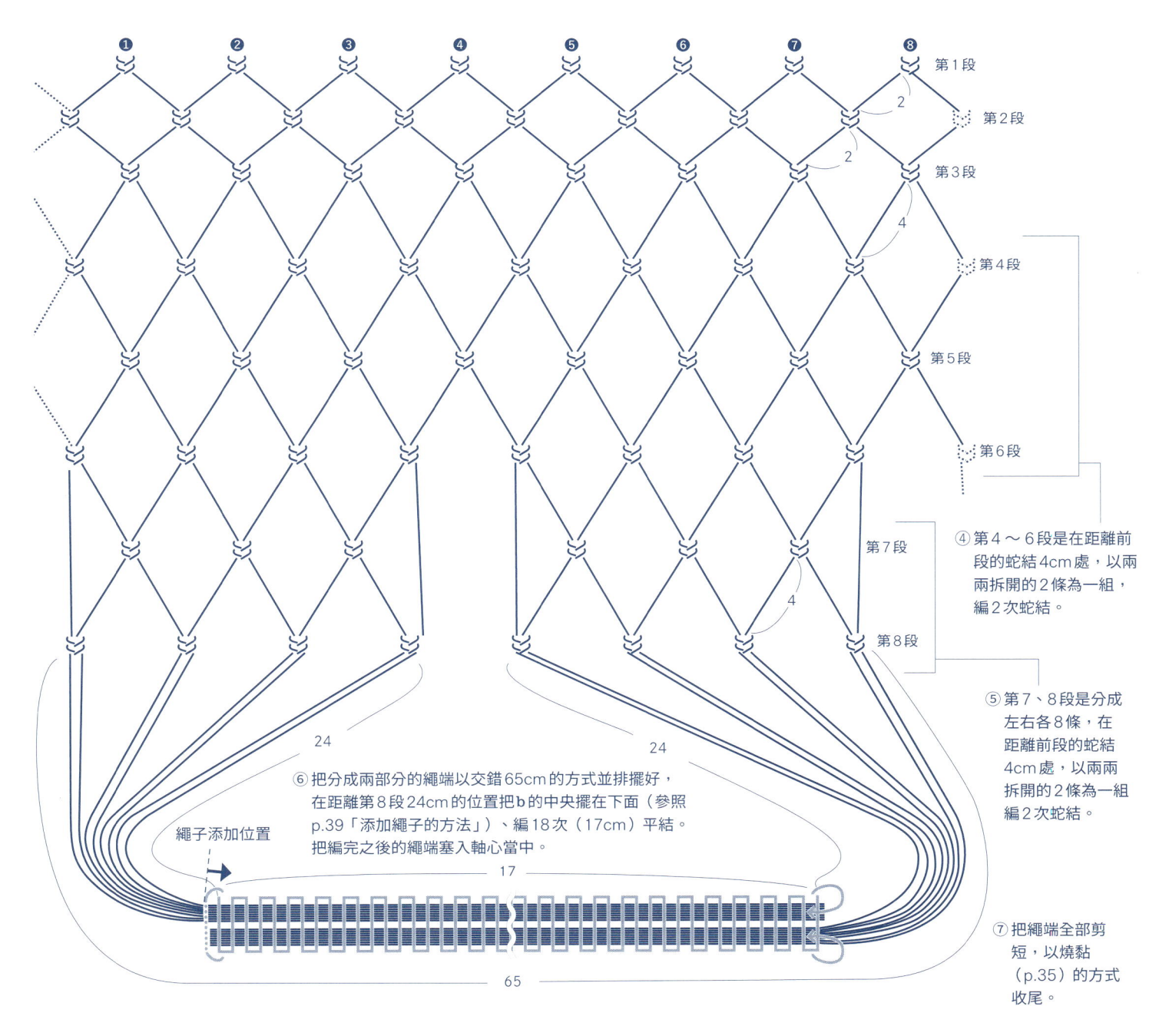

第1段
第2段
第3段
第4段
第5段
第6段
第7段
第8段

④ 第4～6段是在距離前段的蛇結4cm處，以兩兩拆開的2條為一組，編2次蛇結。

⑤ 第7、8段是分成左右各8條，在距離前段的蛇結4cm處，以兩兩拆開的2條為一組編2次蛇結。

⑥ 把分成兩部分的繩端以交錯65cm的方式並排擺好，在距離第8段24cm的位置把b的中央擺在下面（參照p.39「添加繩子的方法」）、編18次（17cm）平結。把編完之後的繩端塞入軸心當中。

繩子添加位置

⑦ 把繩端全部剪短，以燒黏（p.35）的方式收尾。

24　24
17
65

胸背帶　photo_ p.27

【材料】
OUTDOOR CORD
a 海水藍（1628）※參照p.65
b 反光-灰（1632）※參照p.65
強化配件 塑膠插扣 15mm（P1815）…1組
強化配件 O型環 銀（S1806）…2個

【尺寸】
模特兒犬尺寸：頸圍42cm＋胸圍55cm
＋鬆份2cm

【作法】

〈O型環的穿法〉

將軸心的2條穿過O型環。 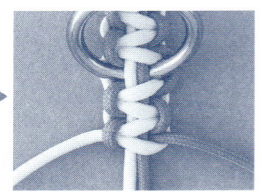　就這樣繼續編結。

〈凸側插扣的穿法〉

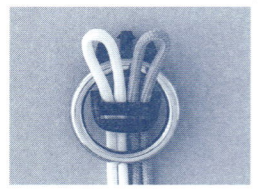

參照起點圖示，將a、b的對折部分依照插扣→O型環的順序穿過。

以無繩結的安裝方法（p.48）繫好。

〈起點圖示〉
O型環 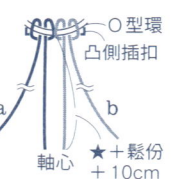
凸側插扣
a　b
軸心　★＋鬆份＋10cm

★＝「頸圍、胸圍」的測量方法參照p.65

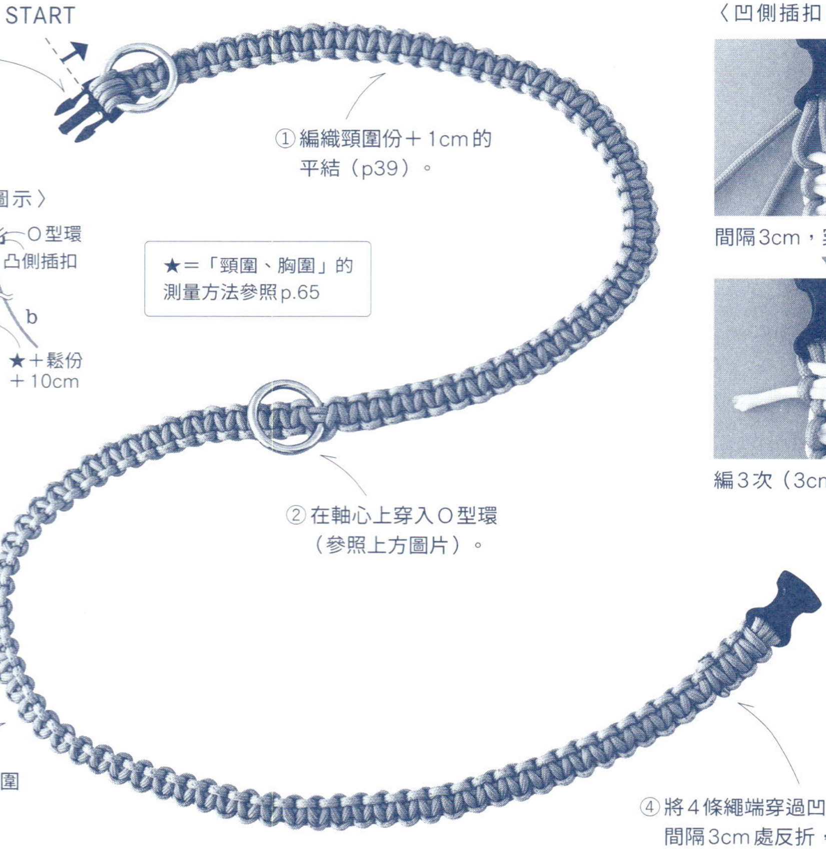

① 編織頸圍份＋1cm的平結（p39）。

② 在軸心上穿入O型環（參照上方圖片）。

③ 就這樣繼續編平結直到胸圍份＋1cm－3cm為止。

〈凹側插扣的穿法〉

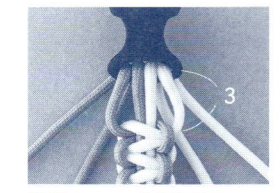

間隔3cm，穿過插扣。

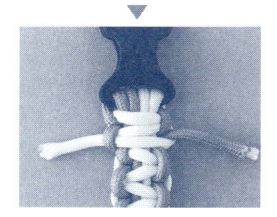

編3次（3cm）平結。

④ 將4條繩端穿過凹側插扣，在間隔3cm處反折，用6條軸心編3次（3cm）平結（參照上方圖片）。把繩端剪短，以燒黏（p.35）的方式收尾。

胸背帶&牽繩的注意點

胸背帶的繩子a、b的尺寸測量方法

★＋鬆份1～2cm
×6倍
＋30cm收尾份

以此尺寸將a色、b色各準備1條

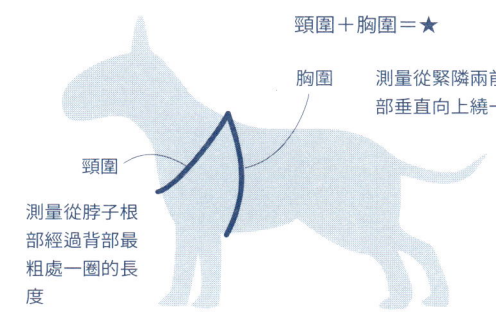

頸圍＋胸圍＝★

胸圍：測量從緊鄰兩前腿的位置朝背部垂直向上繞一圈的長度

頸圍：測量從脖子根部經過背部最粗處一圈的長度

胸背帶要依照愛犬的尺寸來製作。準備好布尺，在安全的場所以站立的狀態來測量尺寸。長毛的犬種，最好盡量貼近皮膚來測量。

〈使用的五金配件&強度〉
這個作品所使用的MARCHEN ART的強化配件是經過強度測試的堅固配件。選用無接縫一體成型的O型環（1、2）、耐重的插扣（3）以及單頭鉤（4）。視犬種不同，很可能會承受相當強的力量，因此配件的選擇也非常重要。繩端的收尾也要慎重地多打幾次結、拉緊再做燒黏處理。另外，製作環境、作法以及製作者的處理方式都會讓作品的強度產生變化。在使用上請務必多加留意。

〈胸背帶的穿法〉

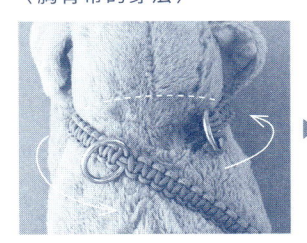

①從起點的位置開始呈8字圍住頸部。

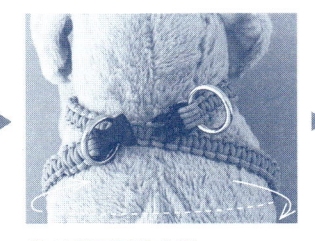

②接著再圍住身體。

③把插扣扣合。

④用單頭鉤連接O型環。

牽繩　photo_ p.27

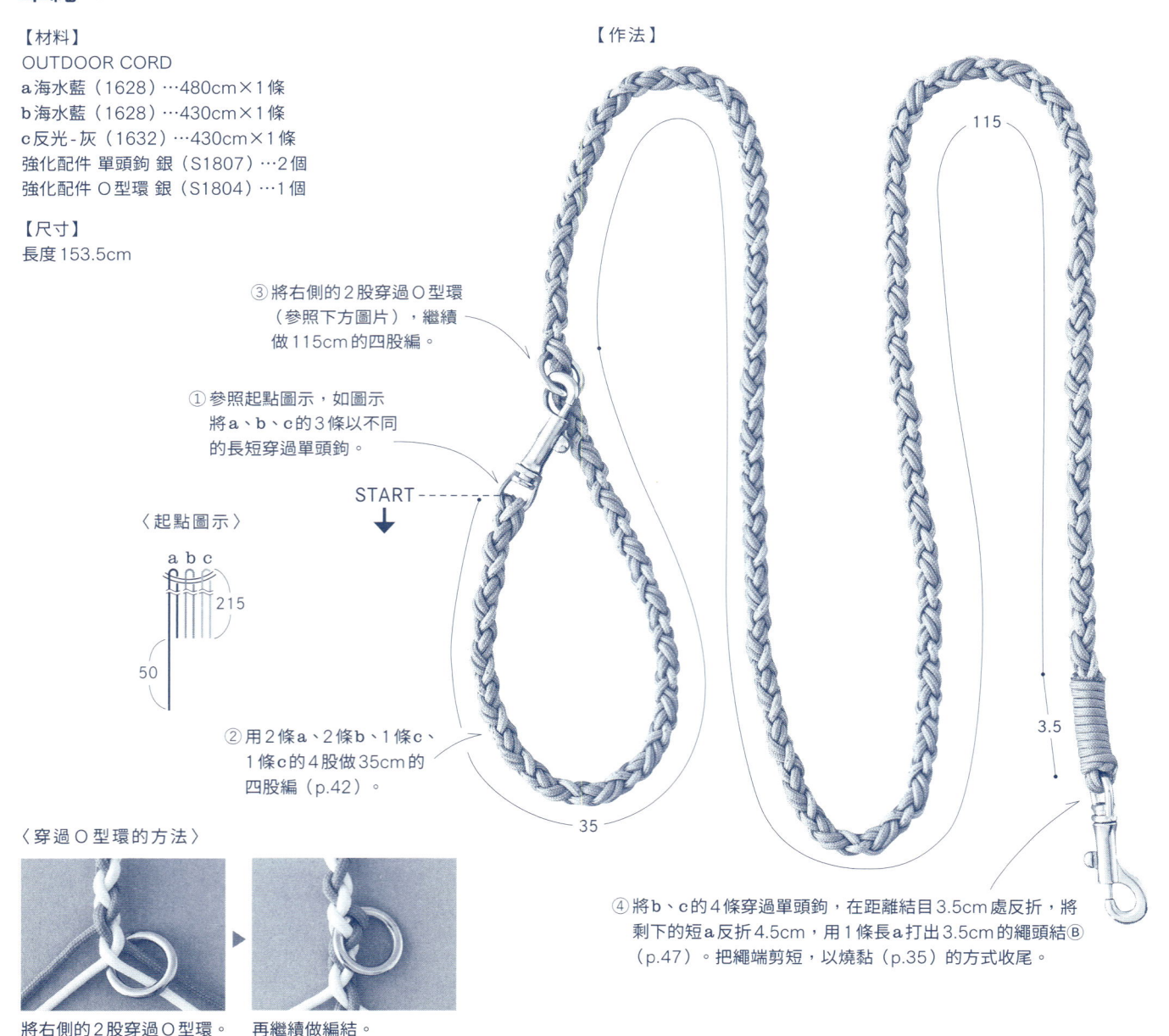

【材料】
OUTDOOR CORD
a 海水藍（1628）…480cm×1條
b 海水藍（1628）…430cm×1條
c 反光-灰（1632）…430cm×1條
強化配件 單頭鉤 銀（S1807）…2個
強化配件 O型環 銀（S1804）…1個

【尺寸】
長度153.5cm

【作法】

③ 將右側的2股穿過O型環（參照下方圖片），繼續做115cm的四股編。

① 參照起點圖示，如圖示將a、b、c的3條以不同的長短穿過單頭鉤。

〈起點圖示〉
a b c
215
50

START

② 用2條a、2條b、1條c、1條c的4股做35cm的四股編（p.42）。

35

115

3.5

〈穿過O型環的方法〉

將右側的2股穿過O型環。　再繼續做編結。

④ 將b、c的4條穿過單頭鉤，在距離結目3.5cm處反折，將剩下的短a反折4.5cm，用1條長a打出3.5cm的繩頭結Ⓑ（p.47）。把繩端剪短，以燒黏（p.35）的方式收尾。

瑜伽墊背帶

photo_ **p.28**

【材料】
OUTDOOR ROPE（6mm）
a 霓虹萊姆（1821）…220cm×1條
OUTDOOR CORD
b 反光-灰（1632）…460cm×1條
繩尾扣6mm 銀（S1174）…2個

【尺寸】
長度160cm

【作法】

① 參照起點圖示，在從a的中央移動20cm的位置，把b的中央擺在下面，（參照「p.39添加繩子的方法），以a為軸心，用b編40cm的平結（p.39）。把b的繩端剪短，以燒黏（p.35）的方式收尾。

③ 在a的兩端套上繩尾扣，鎖上螺絲（p.35）。

②
3次

〈起點圖示〉
b中央
20
b
a中央
a

寶特瓶掛繩

photo_ **p.29**

【材料】
OUTDOOR CORD
橘（1623）…80cm×1條
鉤環（B1514）…1個
擋繩扣（P1047）…1個

【尺寸】
長度12cm

【作法】

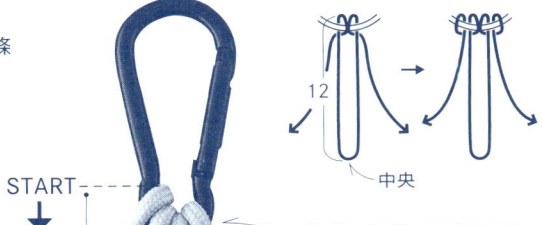

〈起點圖示〉
12
中央

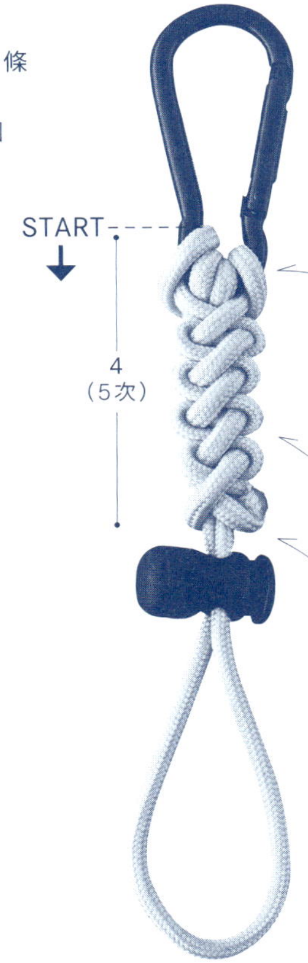

① 參照起點圖示和無繩結的安裝方法（p.48），把繩子從中央對折穿過五金配件，如圖所示做出12cm的環圈。

② 以①的環圈的軸心，用兩端的繩子編5次（4cm）鎖結（p.43）。

③ 把繩端剪短，以燒黏（p.35）的方式收尾。將①的環圈穿過擋繩扣。

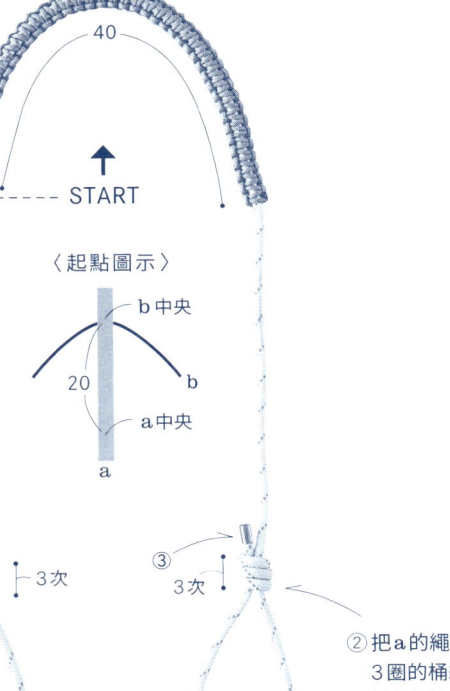

② 把a的繩端反折30cm，打出繞3圈的桶結（p.46）。另一頭也以相同方式處理。

67

手環A　photo_ p.29

【材料】
01
OUTDOOR CORD
黃綠（1625）…50cm×1條
02
OUTDOOR CORD
軍事迷彩（1635）…50cm×1條

【尺寸】
周長26cm

【作法】

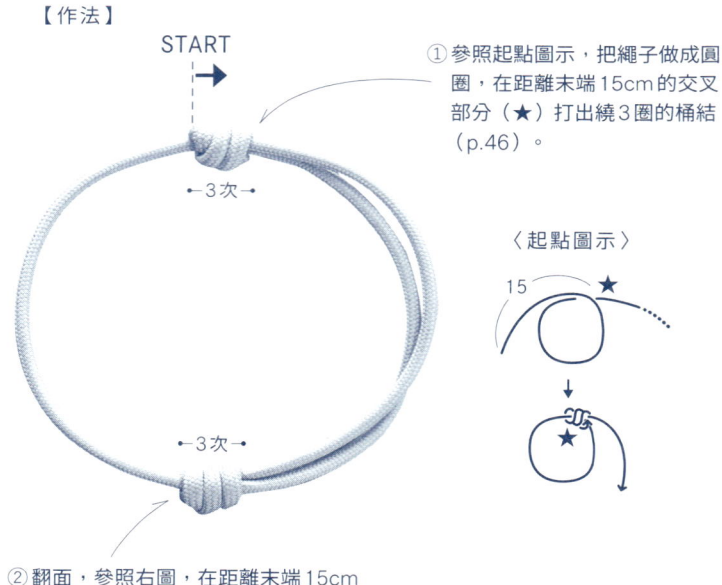

① 參照起點圖示，把繩子做成圓圈，在距離末端15cm的交叉部分（★）打出繞3圈的桶結（p.46）。

〈起點圖示〉

② 翻面，參照右圖，在距離末端15cm的交叉部分（☆）打出繞3圈的桶結。把兩側的繩端剪短，以燒黏（p.35）的方式收尾。

鑰匙圈A　photo_ p.30

【材料】
OUTDOOR CORD
a 海水藍（1628）…150cm×1條
b 橘（1623）…120cm×1條
c 卡其（1640）…120cm×1條
圓形鉤環小 古銅
（AG1198）…1個

【尺寸】
長度33cm

【作法】

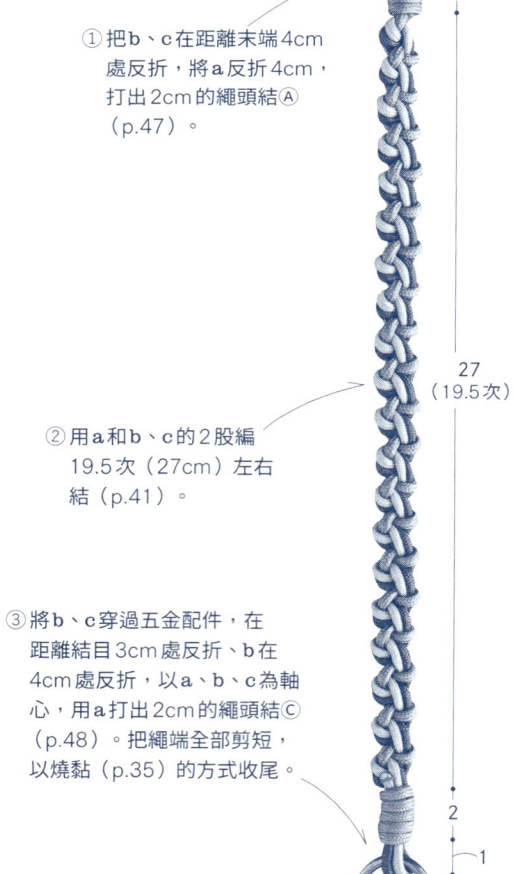

① 把b、c在距離末端4cm處反折，將a反折4cm，打出2cm的繩頭結Ⓐ（p.47）。

② 用a和b、c的2股編19.5次（27cm）左右結（p.41）。

③ 將b、c穿過五金配件，在距離結目3cm處反折，b在4cm處反折，以a、b、c為軸心，用a打出2cm的繩頭結Ⓒ（p.48）。把繩端全部剪短，以燒黏（p.35）的方式收尾。

鑰匙圈 B photo_ p.30

【材料】

01
OUTDOOR CORD
天空藍（1627）…130cm×1條

02
OUTDOOR CORD
沙色迷彩（1634）…130cm×1條

共通
鑰匙圈配件（S1009）…1個
彈珠10mm…1個

【尺寸】
長度7.5cm

鑰匙圈 C，D photo_ p.30

【材料】
皆為OUTDOOR CORD

C-01
紅（1621）…60cm×1條

C-02
綠（1626）…60cm×1條

C-03
白（1639）…60cm×1條

C-04
草莓迷彩（1642）…60cm×1條

C-05
法式迷彩（1637）…60cm×1條

D-01
黃（1624）…60cm×1條

D-02
洋紅（1622）…60cm×1條

D-03
黃綠（1625）…60cm×1條

共通
迷你鑰匙圈環 黑（BK1043）…1個

【尺寸】
長度7cm

【作法】
B
START

2.5

2

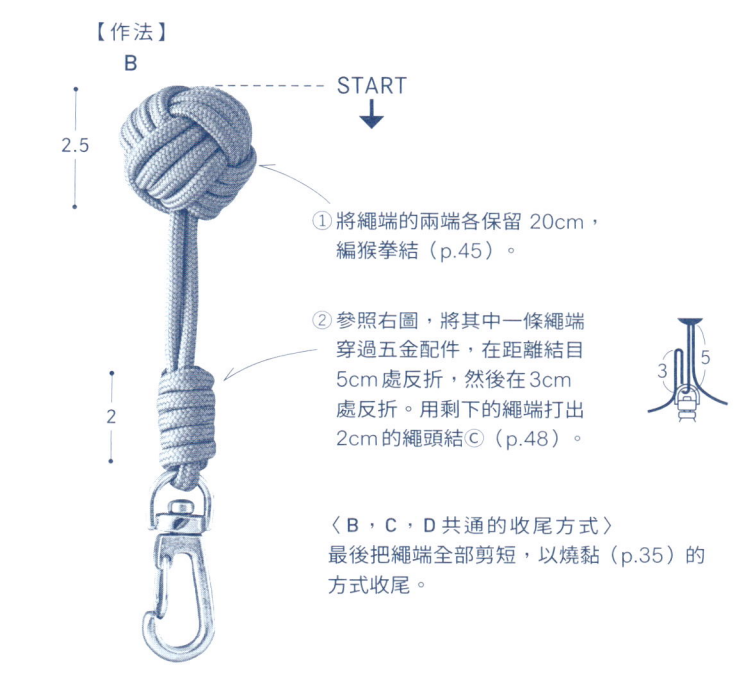

① 將繩端的兩端各保留20cm，編猴拳結（p.45）。

② 參照右圖，將其中一條繩端穿過五金配件，在距離結目5cm處反折，然後再在3cm處反折。用剩下的繩端打出2cm的繩頭結ⓒ（p.48）。

〈B，C，D共通的收尾方式〉
最後把繩端全部剪短，以燒黏（p.35）的方式收尾。

【作法】
C

【作法】
D

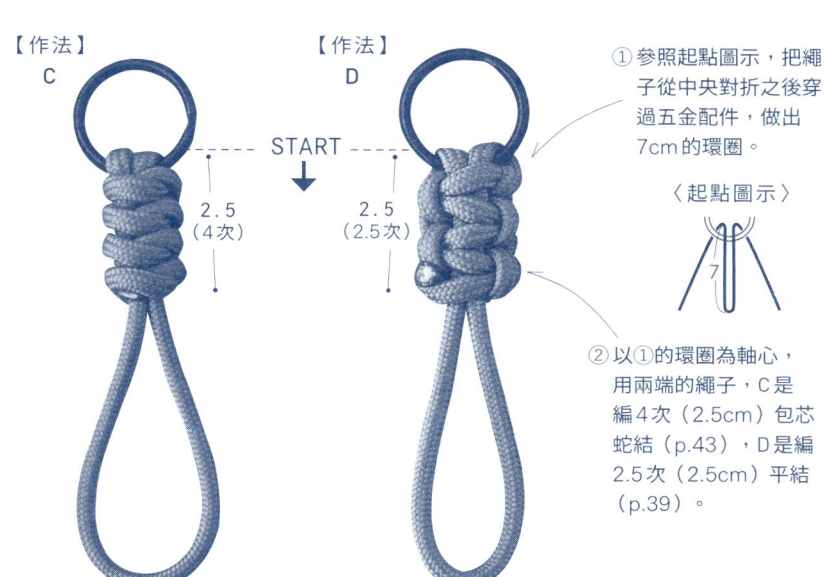

START

2.5
（4次）

2.5
（2.5次）

① 參照起點圖示，把繩子從中央對折之後穿過五金配件，做出7cm的環圈。

〈起點圖示〉

② 以①的環圈為軸心，用兩端的繩子，C是編4次（2.5cm）包芯蛇結（p.43），D是編2.5次（2.5cm）平結（p.39）。

相機掛繩　photo_ p.31

【材料】
OUTDOOR CORD
a 紅（1621）…200cm×1條
b 反光-黑（1633）…200cm×1條
擋繩扣（P1047）…1個
飛機扣（P1045）…1個

【尺寸】
周長26cm

手環B　photo_ p.32

【材料】
皆為OUTDOOR CORD

01
a, b 苔蘚綠混色（1763）…150cm×各1條
航海主題配件 霧黑（AC1708）…1個

02
a 靛藍混色（1762）…150cm×1條
b 灰混色（1765）…150cm×1條
航海主題配件 銀（AC1701）…1個

03
a 玫瑰混色（1761）…150cm×1條
b 米黃混色（1764）…150cm×1條
航海主題配件 玫瑰金（AC1703）…1個

04
a, b 炭灰混色（1766）…150cm×各1條
航海主題配件 霧黑（AC1704）…1個

【尺寸】
長度19cm

【作法】
相機掛繩

〈起點圖示〉

① 參照起點圖示，將a、b反折60cm。以60cm的部分為軸心，編27次（26cm）平結（p.39）。

② 將a、b的軸心分別穿過起點的環圈（★），再穿過擋繩扣。

③ 將a、b的繩端穿過飛機扣，在距離①的結目10cm處反折，編2次（2cm）平結。

【作法】　手環B

① 參照起點圖示，將b反折20cm，在距離環圈2cm處，用a在距離a的末端20cm的位置打單結（p.46）。

〈起點圖示〉

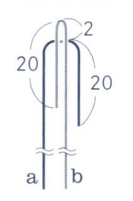

② 以a、b的20cm的部分為軸心，編27次（17cm）包芯蛇結（p.43）。這個時候，要參照終點的圖，在編好25次結的位置將1條軸心穿過五金配件，在距離1cm處反折，用3條軸心編2次結。

〈終點的圖〉

〈相機掛繩、手環B 共通的收尾方式〉
最後，把繩端全部剪短，以燒黏（p.35）的方式收尾。

飲料提帶

photo_ **p.33**

【材料】
OUTDOOR CORD
a 棕（1649）…160cm×1條
b 螢光粉紅（1663）…160cm×1條
彩色插扣（P1511）…1組
擋繩扣（P1047）…1個

【尺寸】
長度48cm

〈使用方法〉
用★部分的2條繩子夾著飲料杯的上部，把擋繩扣收緊之後將插扣扣合。

【作法】

① 參照起點圖示，將a、b穿過凸側插扣，以50cm的部分為軸心，編24次（20cm）鎖結（p.43）。

② 把a反折3cm，用b打出2cm的繩頭結Ⓑ（p.47）。留下軸心，把繩端剪短，以燒黏（p.35）的方式收尾。

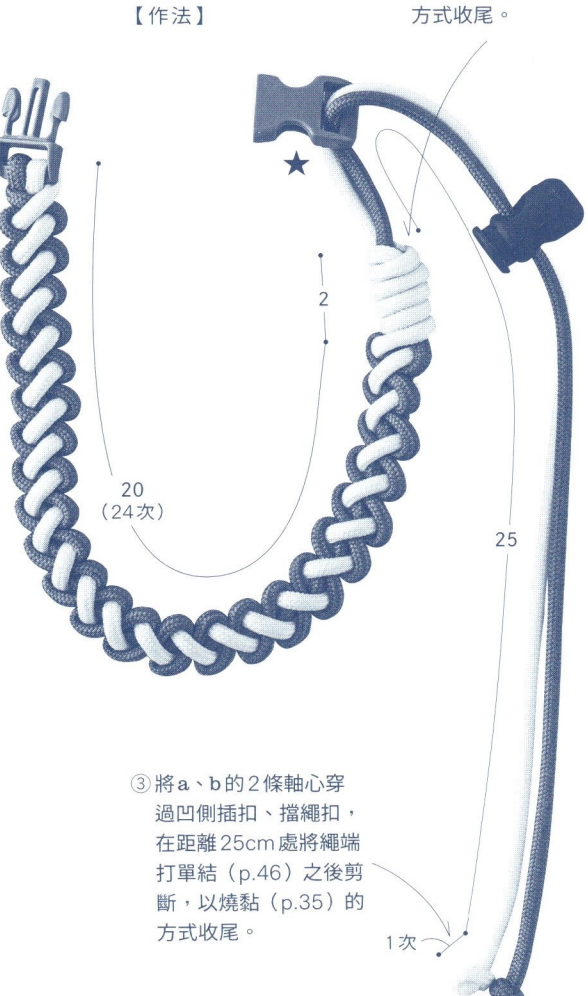

③ 將a、b的2條軸心穿過凹側插扣、擋繩扣，在距離25cm處將繩端打單結（p.46）之後剪斷，以燒黏（p.35）的方式收尾。

〈起點圖示〉
凸側插扣
50
a b
110

PARACORD DE MUSUBU STRAP TO KOMONO
© MARCHEN ART 2024
Originally published in Japan in 2024 by EDUCATIONAL
FOUNDATION BUNKA GAKUEN BUNKA PUBLISHING BUREAU.
Chinese translation rights arranged with EDUCATIONAL
FOUNDATION BUNKA GAKUEN BUNKA PUBLISHING BUREAU
through TOHAN CORPORATION, TOKYO.

MARCHEN ART STUDIO

從事以麥克拉梅（macrame）為首的編結相關企劃、提案。推出從飾品、居家裝飾到時尚雜貨等豐富多樣的商品。棉、麻等天然素材自不必說，也採用了皮革及戶外繩索，除了在全國各地舉辦工作坊之外，也透過書籍等媒體發表作品，致力於普及編結工藝。

傘繩編織入門全圖解
一看就會的各種實用繩結小物

2025年5月1日　初版第一刷發行

作　　者	MARCHEN ART STUDIO
譯　　者	許倩珮
編　　輯	魏紫庭
美術編輯	黃瀞瑢
發 行 人	若森稔雄
發 行 所	台灣東販股份有限公司
	＜地址＞台北市南京東路4段130號2F-1
	＜電話＞(02)2577-8878
	＜傳真＞(02)2577-8896
	＜網址＞https://www.tohan.com.tw
法律顧問	蕭雄淋律師
總 經 銷	聯合發行股份有限公司
	＜電話＞(02)2917-8022

著作權所有，禁止翻印轉載。
購買本書者，如遇缺頁或裝訂錯誤，
請寄回調換（海外地區除外）。
Printed in Taiwan

國家圖書館出版品預行編目（CIP）資料

傘繩編織入門全圖解：一看就會的各種實用繩結小物/Marchen Art Studio 著；許倩珮譯. -- 初版. -- 臺北市：臺灣東販股份有限公司, 2025.05
　72面；21×20公分
　ISBN 978-626-379-898-4（平裝）

1.CST: 編結 2.CST: 手工藝

426.4　　　　　　　　　　　　　　　114003755

日文版STAFF

日文版發行人	清木孝悅
書籍設計	尾崎遊也、東村沙弥香（WILDPITCH）
攝影	井上雅央（封面、p.1～33）
	安田如水（p.34～71／文化出版局）
造型	上良美紀
模特兒	SENA（MOMENT）、RYUICHI MURAKAMI
	バニラ（GRAM MODEL MANAGEMENT）
髮型 & 彩妝	原 康博（LIM）
作法解說	小堺久美子（p.53）
繪圖	たまスタヂオ（p.53）
校閱	向井雅子
編輯	鈴木理惠
	三角紗綾子（文化出版局）

協力

＊本書刊載之布料、商品可能會因不同時期而出現售罄或缺貨的情況，還請見諒。

atelier naruse
p.08 上衣、p.14 襯衫洋裝
https://atelier-naruse.com

CHINOIS PLANNING STUDIO
p.05、10、11 圓領T恤（SI-HIRAI）
p.26、33 背帶褲（si-si-si comfort）
https://si-hirai.com

DARUMA FABRIC
p.10 三角袋布料
https://daruma-fabric.com
TEL. 06-6251-2199

＊本書介紹的作品，只要符合使用MARCHEN ART的「OUTDOOR ROPE」、「OUTDOOR CORD」的條件，就能作為僅限個人之商業使用。販售時還請註明作品是來自《用傘繩編結的手機掛繩與配件小物》一書、以及使用的材料。
＊對於本書之影印、掃描、數位化等擅自複製行為，除了著作權法中的例外之外一律禁止。另外，若委託第三方業者掃描本書並轉成電子檔，即便是僅供自用或家庭用，也違反了著作權法。
＊本書介紹的作品，不管是全部或是部分，皆不可用於參加比賽。